高职高专电子信息类系列教材

基于任务驱动的SQL Server 2012数据库管理及应用教程

主　编　雷超阳　陈献辉　刘军华
副主编　唐丽华　陈恒星

西安电子科技大学出版社

内 容 简 介

本书以“酒店客房管理系统”为案例，以实际工作过程所需要的知识和技能为出发点，结合教学对象的特点，通过实例任务进行解析学习。本书紧密围绕数据库的知识和技能，共设计了 10 个学习项目，其内容基本覆盖了 SQL Server 2012 数据库入门教材所涉及的知识点，学习项目分别为数据库系统设计、创建和管理数据库、创建和管理数据表、数据的查询、创建和使用视图、数据库编程、应用存储过程、应用触发器、维护和管理数据库以及数据库综合应用——酒店客房管理系统。本书的项目包含任务演示、必备知识、实战演练和课后练习四个部分，以供读者及时消化对应内容。

本书既可以作为高职高专院校和成人教育学院 SQL Server 课程的教材，也可以作为 SQL Server 培训班和职业资格等级考试或认证考试的培训教材，还可供自学考试人员、数据库应用系统开发设计人员、工程技术人员及其他相关人员参阅。

图书在版编目(CIP)数据

基于任务驱动的 SQL Server 2012 数据库管理及应用教程 / 雷超阳，陈献辉，刘军华主编.
—西安：西安电子科技大学出版社，2016.8（2022.3 重印）
ISBN 978-7-5606-4233-8

Ⅰ. ①基… Ⅱ. ①雷… ②陈… ③刘… Ⅲ. ①关系数据库系统—高等职业教育—教材
Ⅳ. ①TP311.138

中国版本图书馆 CIP 数据核字(2016)第 189517 号

策划编辑 杨丕勇
责任编辑 杨丕勇 高丽萍
出版发行 西安电子科技大学出版社(西安市太白南路 2 号)
电　　话 (029)88202421 88201467　　邮　　编 710071
网　　址 www.xduph.com　　电子邮箱 xdupfxb001@163.com
经　　销 新华书店
印刷单位 西安日报社印务中心
版　　次 2016 年 8 月第 1 版　2022 年 3 月第 7 次印刷
开　　本 787 毫米×1092 毫米　1/16　印 张 12.75
字　　数 298 千字
印　　数 10 761～11 760 册
定　　价 32.00 元
ISBN 978 - 7 - 5606 - 4233 - 8/TP
XDUP 4525001-7
如有印装问题可调换

前　言

为适应高职高专院校互联网技术类人才培养的发展需要，配合新一轮高职高专院校的教学改革和专业调整方案，作者基于工作过程导向，融“教、学、做”为一体，以项目为载体，根据高职高专院校教材任务驱动模式的建设目标编写了本书。

本书以“酒店客房管理系统”为主线，根据 SQL Server 2012 数据库技术的知识点，将“酒店客房管理系统”的设计和实现分成了 10 个项目，每个项目又分成若干个不同的任务，每个任务相对完整独立，教学活动的过程即是完成每一个任务的过程。读者完成了“酒店客房管理系统”的项目设计与实现，也就完成了本课程的学习，进而可以科学、高效地设计并实现其他数据库应用系统。

本书包括 10 个项目(共 34 个任务)，分别为：

项目一：数据库系统设计。通过完成认识数据库、数据库关系规范化、“酒店客房管理系统”数据库设计实例三个任务，引导学生初步了解数据库技术的基础知识。

项目二：创建和管理数据库。通过完成 SQL Server 2012 的安装与配置、创建“酒店客房管理系统”数据库、管理“酒店客房管理系统”数据库三个任务，让读者掌握创建和管理数据库的方法和步骤。

项目三：创建和管理数据表。通过完成创建表、管理表、维护数据的完整性、数据表的操作四个任务，让读者掌握创建和管理表的方法和步骤。

项目四：数据的查询。通过完成简单查询、连接查询、嵌套查询三个任务，让读者掌握使用 SQL 语句进行数据查询的方法。

项目五：创建和使用视图。通过完成创建视图、管理视图、应用视图三个任务，让读者掌握创建和使用视图的方法。

项目六：数据库原理。通过完成 T-SQL 语言基本知识、使用和定义函数、使用流程控制语句、事务与游标四个任务，让读者掌握 SQL Server 数据库编程的相关知识。

项目七：应用存储过程。通过完成创建和执行用户存储过程、管理存储过程、应用存储过程三个任务，让读者了解和掌握存储过程在 SQL Server 中的应用。

项目八：应用触发器。通过完成创建和执行触发器、管理触发器、应用触发器三个任务，让读者了解和掌握触发器在 SQL Server 中的应用。

项目九：维护和管理数据库。通过完成备份和还原数据库、导入和导出数据、身份验证模式和用户管理、角色和权限的管理四个任务，让读者学会维护和管理数据库的方法与步骤。

项目十：数据库综合应用——酒店客房管理系统。通过完成需求分析、系统设计、系统实现、系统运行与测试四个任务，让读者了解用面向对象的方法完成“酒店客房管理系统”由分析到实现的全过程。

本书改进了传统的教学模式，以任务驱动为核心，通过实例任务解析进行讲解。每个任务以切实可行的实例开头，并给出详细步骤，让学生在学习枯燥的基础理论知识之前就能根据提示完成难度适中的数据库操作；在调动学生的积极性后再对该操作进行理论解析，引导学生学习必备的基础知识；紧接着给出与本知识点相对应的实战演练，让学生在课堂内独立进行实践练习；最后给出该任务的课后练习，供学生及时消化对应内容，完成从“扶着走”到“自己走”的过程。

本书的最大特点是鲜明地体现了以实际工作过程为导向进行教学设计的思想和“学中做，做中学”的教学模式。本书紧密围绕数据库技术的基本知识和技能，特别注重实践能力的培养。本书的基础理论知识讲解以“实用”、“够用”为原则，做到学、思、练相结合，旨在通过任务实践，提高学生的职业能力，使知识从书本中释放并转化为专业技能。

湖南邮电职业技术学院的雷超阳、陈献辉、刘军华担任本书主编，唐丽华、陈恒星担任副主编。各项目编写分工如下：雷超阳编写项目六、九，陈献辉编写项目一、四，刘军华编写项目五、十，唐丽华编写项目七、八，陈恒星编写项目二、三。全书由陈献辉统稿。在编写过程中，参阅了许多同行编写的同类书籍，在此向他们表示真挚的谢意！

由于时间仓促及编者水平所限，书中难免有不妥之处，恳请广大读者和专家批评指正。对于本书的任何问题，请使用 E-Mail 发送至作者邮箱：yangchaolei317@sohu.com，欢迎读者与我们联系，帮助我们改进、提高。

编　者

2016 年 5 月

目　录

项目一　数据库系统设计

数据库设计是指在给定的应用环境中，将现实世界的数据通过合理的逻辑设计和有效的物理设计构造较优的数据库模式，并且建立数据库及其应用系统，以满足用户的各种信息需求。因此，数据库设计是数据库应用系统设计的核心阶段，它为代码设计提供了坚实的基础，决定了应用软件开发质量的好坏。本项目将以“酒店客房管理系统”为例来认识数据库，规范数据库的关系，并从软件工程的角度讨论数据库设计的各个阶段，掌握数据库设计的特点和方法。本项目分为三个任务：

(1) 认识数据库。

(2) 数据库关系规范化。

(3) “酒店客房管理系统”数据库设计实例。

任务一　认识数据库

一、任务演示

【示例 1-1】 现需要对某酒店的客房进行管理。其中，“客房类型”(见表 1-1)用来记录这个酒店所有的客房类型，包括类型编号、类型名称、标准价格、应交押金、备注等信息，“客房信息”(见表 1-2)用来记录这个酒店所有的客房信息，包括客房编号、类型编号、额定人数、客房状态、客房描述、备注等信息。

我们可以采用 Word 和 Excel 来记录这些数据，但是由于酒店的客户量大，入住和退房几乎每天都在发生，也就是说数据更新频繁，会给管理数据带来很大的困难。比如，要将新装修客房的信息加入到“客房信息”表中，填写类型编号时，还需要打开“客房类型”表去看对应的类型编号；某个客人退房了，还需要在庞大的“客房信息”表中找到对应的客房编号修改其状态等。除此之外，客户的个人资料、客房信息、结算情况等是不允许随便透漏的信息，我们还必须保证这些数据只有某些特定的用户才能看到，即保证数据的安全性。

因此，我们需要一种方便、快捷、安全的工具来管理庞大的数据信息，这就是数据库，它是按照数据结构来组织、存储和管理数据的仓库。数据库中的数据都是彼此关联，也是动态变化的，而使用 Word 和 Excel 来记录这些数据难以做到这一点。

表 1-1 客 房 类 型

类型编号	类型名称	标准价格	应交押金	备 注
1	普通单人间	180	200	
2	普通双人间	240	300	
3	豪华套房	500	300	提供早餐
4	豪华单人间	260	300	提供早餐
5	豪华双人间	320	400	提供早餐
6	豪华三人间	400	500	提供早餐
7	酒店办公室			工作人员使用

表 1-2 客 房 信 息

客房编号	类型编号	额定人数	客房状态	客房描述	备 注
101	1	1	入住	一张单人床带一个卫生间	
102	1	1	入住	一张单人床带一个卫生间	
…	…	…	…	…	…

从上面的“酒店客房管理系统”中我们可以看出数据库有以下主要特点：

(1) 结构化：数据有组织地存放，并且按一定的数据模型来组织和描述。

(2) 共享性：实现数据共享，减少数据的冗余度，可以多用户同时使用。

(3) 独立性：数据与应用程序分离，具有独立性、易扩充性。

(4) 完整性：数据保持一致性与完整性。

(5) 安全性：数据具有可维护性，以确保数据的安全性和可靠性。

二、必备知识

(一) 基本概念

1. 信息

信息(Information)以物质介质为载体，是传递和反映世界各种事物存在方式和运动状态的表征。信息是客观事物状态和运动特征的一种普遍形式，客观世界中存在、产生和传递着大量以这些方式表示的信息。信息是指以声音、语言、文字、图像、动画等方式表示的实际内容。它具有以下几个属性：可感知、可存储、可加工、可传递和可再生等。

2. 数据

数据(Data)是描述事物的符号记录，用于表示客观事物的未经加工的原始素材，如图形符号、数字、字母等。关于现实世界的地方、事件、其他对象或概念的描述也是数据。例如：3 号类型的客房是豪华套房，标准价格是 500 元，应交押金为 300 元，其中 500、300 具有数值特征的数字是数据。另外，还有一些不具有数值特征的符号记录也是数据，如

“豪华套房”也是一种数据。

3. 数据库

数据库(Data Base，DB)是指长期储存在计算机内，有组织、可共享的大量相关数据的集合。数据库中的数据按一定的数据模型组织、描述和存储，具有较小的冗余度、较高的数据独立性和易扩展性，并可为各种用户所共享。

4. 数据库管理系统

数据库管理系统(Data Base Management System，DBMS)是位于用户与操作系统之间的一层数据管理软件，负责数据库中数据的组织、存储、维护和获取等任务。数据库管理系统主要有四种类型：文件管理系统、层次数据库系统、网状数据库系统和关系数据库系统，其中关系数据库系统的应用最为广泛。比如 SQL Server 2005 就是一个关系型的数据库管理系统。数据库管理系统主要包括以下四个功能：

(1) 数据定义功能。用户可以利用数据库管理系统提供的数据定义语言(Data Definition Language，DDL)来定义数据库中的各种不同对象，如创建数据库对象(CREATE object_name)、修改数据库对象(ALTER object_name)和删除数据库对象(DROP object_name)等。

(2) 数据操纵功能。用户可以利用数据库管理系统提供的数据操纵语言(Data Manipulation Language，DML)对数据库的数据进行各种操作，如数据的添加、修改、查询和删除等。

(3) 数据库的运行管理功能。DBMS 统一管理数据库的创建、运用和维护，以确保数据库中数据的正确性、安全性、完整性、并发性和系统发生故障时能正确恢复。

(4) 数据库的创建和维护功能。DBMS 主要完成对初始数据的输入、转换，数据库的存储、恢复以及数据库性能监视和分析等任务。

5. 数据库系统

数据库系统(Data Base System，DBS)是指采用数据库技术的整个计算机系统，主要包括计算机硬件、数据库、数据库管理系统和应用开发工具、数据库应用程序、数据库管理员(Data Base Administrator，DBA)和用户等。其中，数据库管理员是专门从事数据库的创建、使用和维护等工作的数据库专业人员。数据库系统是实现有组织、动态地存储和管理大量相关数据，提供数据处理和信息资源共享的便利手段。

(二) 数据库三要素

模型是对现实世界的抽象，如一张地图、一架飞机模型等。在数据库技术中，人们用数据模型描述数据库的结构和语义，对现实世界进行抽象，从而描述事物的特征。数据库的数据模型包含数据结构、数据操作、完整性约束三个要素。

1. 数据结构

数据结构是指存储在数据库中的对象类型的集合，这些对象类型是数据库的组成部分。数据结构是对系统静态特性的描述。数据库系统是按数据结构的类型来组织数据的，因此数据库系统通常按照数据结构的类型来命名数据模型。例如，层次结构、网状结构和关系结构的模型分别命名为层次模型、网状模型和关系模型。

2．数据操作

数据操作是指数据库中各种对象实例所允许执行操作的集合，包括操作和有关操作的规则。数据操作是对系统动态特性的描述，如插入、删除、修改、检索、更新等。数据模型要定义这些操作的确切含义、符号、规则以及实现语言等。

3．完整性约束

数据的约束条件是完整性规则的集合，用以限定符合数据模型的数据库状态以及状态的变化，以保证数据的正确性、有效性和相容性。数据模型中的数据及其联系都要遵循完整性规则的制约。数据模型应该提供定义完整性约束条件的机制和数据应遵循的语义约束条件。

三、实战演练

【演练 1-1】 谈谈你经常访问的数据库系统，以及使用这些数据库系统的体验。

【演练 1-2】 分析“酒店客房管理系统”中需要管理哪些对象，并思考表 1-3 所示的客户信息中的“客户”是怎样和“酒店客房管理系统”产生联系的。

表 1-3 客 户 信 息

客户编号	姓名	性别	证件类型	证件号码	联系电话	工作单位
1	刘华强	男	身份证	210905197807210546	85207112	通信学院
2	张小芳	女	身份证	370205197405213513	13548666616	电力公司
…	…	…	…	…	…	…

四、课后练习

1．________是指对各种数据的收集、组织、整理、存储、加工、查询和传播等一系列活动的总和。

2．用户与操作系统之间的一层数据管理软件是________________。

3．数据库的数据模型三要素是__________、__________和__________。

4．数据库系统是由数据库、数据库管理系统及其应用开发工具、数据库应用程序、(　　)和用户构成的。

A．DBMS　　B．DB　　C．DBS　　D．DBA

5．数据库是计算机系统中按照一定的数据模型组织、存储和应用的(　　)。

A．命令的集合　　B．数据的集合　　C．程序的集合　　D．文件的集合

任务二　数据库关系规范化

一、任务演示

关系数据库的模式设计主要是关系模式的设计，关系模式设计的好坏直接影响数据库

的质量。什么是好的关系模式呢？不好的关系模式可能会导致哪些问题？下面通过实例对这些问题进行分析。

【示例 1-2】 要设计“酒店客房管理系统”中的“入住信息”数据库关系，假设某用户设计的关系模式如下：

关系模式 R(入住单号，客户编号，客房编号，入住时间，退房时间，客房描述)

在此关系模式下填入一部分具体的数据，则可得到入住关系模式 R 的实例，即“入住信息”表，如表 1-4 所示。

表 1-4 入 住 信 息

入住单号	客户编号	客房编号	入住时间	退房时间	客 房 描 述
RZ20160101001	1	102	2010-1-6	2010-1-8	一张单人床带一个卫生间
RZ20160101002	2	204	2010-1-6	2010-1-10	三张单人床带一个卫生间外带阳台和梳妆台
RZ20160101003	3	306	2010-1-6	2010-1-16	两张单人床带一个卫生间
…	…	…	…	…	…

分析以上关系中的数据可以看出，入住单号能唯一地标识某客人的一次入住信息，所以是该关系模式的主键(又叫主码)。在实际应用中，如果使用以上关系模式，将会产生以下问题：

(1) 数据冗余。在实际经营过程中，同一个客房会被很多个不同的客人入住，那么客房描述信息将不断地重复存储。

(2) 修改异常。假设调整了某个客房的描述，相应的列值其客房描述都要更新，则有可能会出现同一客房描述不同的情况。

(3) 插入异常。假设新装修了客房，由于没人入住，没有入住单号，只能等有人入住才能把客房编号和客房描述输入。

(4) 删除异常。假设由于某种原因，需要从当前数据库中删除某个客户的入住信息记录，如果这间客房暂时尚未有人入住，则此客房编号及客房描述也被一起删除而无法保存。

由于存在以上问题，因此关系模式 R 的设计是不合理的。之所以产生上述问题，直观地说，是因为关系中的内容太杂了。那么，怎样才能得到一个好的关系模式呢？针对上述问题，我们把入住关系模式分为两个关系模式：客房信息(客房编号，客房描述)和入住信息(客户编号，客房编号，入住时间，退房时间)，分别如表 1-5 和表 1-6 所示。

当然，在客房信息和入住信息中只描述这些属性是不够的，后面将在数据库的设计中详细描述客房信息和入住信息的具体属性。

表 1-5 客 房 信 息

客房编号	客 房 描 述
102	一张单人床带一个卫生间
204	三张单人床带一个卫生间外带阳台和梳妆台
306	两张单人床带一个卫生间
…	…

表 1-6 入 住 信 息

客户编号	客房编号	入住时间	退房时间
1	102	2016-1-1	2016-1-3
2	204	2016-1-2	2016-1-4
3	306	2016-1-3	2016-1-6
…	…	…	…

经过上述分解后，为“客房信息”这个独立的实体和“入住信息”这个关系分别设计了对应的二维表，前面提到的针对关系模式 R 的数据冗余和操作异常现象就消除了。每间客房的信息只存储一次，即使这间客房没有客人入住，其信息也可存放在“客房信息”表中。模式分解是解决数据冗余的主要方法，也是规范化理论的一条原则：“如果关系模式中存在数据冗余和操作异常问题，那么就分解这个关系模式”。

但是要注意，一个好的关系模式并不是在任何情况下都是最优的，比如要查询某位客人入住的客房信息时，就要通过连接操作来完成，而连接所需要的系统开销非常大，所以在模式设计和进行规范化处理时，要根据系统的功能和冗余数据的使用频率来决定。

要设计的关系模式中各个属性是相互依赖、相互制约的，关系的内容实际上是这些依赖与制约作用的结果，关系模式的好坏也是由这些依赖和制约作用产生的。规范化设计关系模式，是将结构复杂的关系分解成结构简单的关系，从而把不好的数据库关系模式转变为较好的便于管理的数据库关系模式。因此，在设计关系模式时，必须从实际需求出发，从语义和应用上分析这些属性间的依赖关系，由此来完成关系的规范化工作。

二、必备知识

(一) 关系的基本要素

1. 关系模型

关系模型的数据结构由规范的二维表直观地表示。简单地讲，一个关系就是一张二维表，每个关系有一个关系名，对关系的结构描述称为关系模式，其格式为

关系名(<u>属性名 1</u>，属性名 2，…，属性名 n)

其中，主关键字用下划线标出。

在数据库中，关系模式对应的二维表结构如下：

表名(<u>字段名 1</u>，字段名 2，…，字段名 n)

其中，主关键字用下划线标出。

比如，“酒店客房管理系统”中“客房信息和客房类型”的结构可用下面的关系模式表示：

客房信息(<u>客房编号</u>，类型编号，额定人数，客房状态，客房描述，备注)

客房类型(<u>类型编号</u>，类型名称，标准价格，应交押金，备注)

2. 元组

关系中水平方向的行称为元组(Tuple)。在数据表中，每一个元组对应一条记录，代表

一个物理实体，如“客户信息”表中的一行对应一条客户记录。一个关系就是若干个元组的集合。

3. 属性

关系中垂直方向的列称为属性(Attribute)。每一个列名对应关系的一个属性。在二维表中，一个属性对应着一个字段，属性名即字段名，每个字段对应的数据类型和宽度在定义表的结构时规定。例如，“客房信息”表的客房编号、类型编号、额定人数等字段及其对应的数据类型组成了“客房信息表”的表结构。

4. 主关键字

在表中能唯一标识一条记录的字段或字段的组合称为该表的主关键字(Primary Key)，简称主键。为了唯一地标识表中的每一条记录，保证记录的唯一性，每个表都必须有且只有一个主键。对于任意一个表，主键一经选定，通常是不能随意改变的。主键也称为主关系键、或主码。

5. 外部关键字

当两个表建立相互联系时，一个二维表的主关键字或主关键字的部分列被包含到另一个二维表中，此主关键字就称为另外这个二维表的外部关键字(Foreign Key)。要求主关键字和外部关键字的数据类型一致，并且具有相同的数据来源，但名称可以不一样。

(二) 表(关系)的性质

关系模型要求关系数据库中的表必须具有如下性质：

(1) 表中的每个字段名是唯一的，即每个字段都不可拆分。

(2) 字段必须是同质的，即同一字段的各个值应是同类型的数据。

(3) 在同一个表中不能出现相同的字段名。

(4) 表中不允许有完全相同的记录，即每行记录都必须是唯一的。

(5) 在一个表中记录的次序是任意的。

(6) 在一个表中字段的次序是任意的。

(三) 关系模式的规范化理论

规范化的基本思想是消除关系模式中的数据冗余和数据依赖中不合理的部分，解决数据插入、删除和修改时发生的异常现象。一个好的关系模式应该不会发生各种操作异常，数据冗余也应尽可能减少。为了达到这个目标，我们把原有的关系模式分解为符合规范化设计所要求的关系模式。当然这种关系的分解不是随意的，它必须遵循一定的规则，我们一般将这些规则称为范式。

不同的范式对关系中各种属性间的联系提出了不同级别的要求，根据要求级别的高低，一般将关系分为第一范式(1NF)、第二范式(2NF)、第三范式(3NF)、BCNF 范式、第四范式(4NF)和第五范式(5NF)。范式(Normal Forms，NF)的概念和关系模式的规范化问题是由 E.F.Codd 系统提出的。从 1971 年到 1972 年，E.F.Codd 系统地提出了 1NF、2NF、3NF 的概念。1974 年 Codd 和 Boyce 共同提出了 BCNF，1976 年 Fagin 提出了 4NF，之后又有人提出 5NF 的概念。

1. 第一范式(1NF)

第一范式是第二范式和第三范式的基础，是最基本的范式。第一范式要求满足以下条件：

(1) 数据组的每个属性只可以包含一个值。

(2) 关系中的每个元组必须包含相同数量的值。

(3) 关系中的每个元组一定不能相同。

所谓第一范式(1NF)，是指数据表的每一列都是不可再分割的基本数据项，同一列不能有多个值，每一行只包含一个实例的信息。所有的关系模型都应该满足第一范式。

如果客房信息按表 1-7 设计，则该表不符合第一范式，即不可能出现在关系数据库中，因为第一范式要求属性不可拆分。

表 1-7 客房信息表

客房编号	类型编号	额定人数	客房状态	客房描述		备注
				床数	楼层编号	
101	1	2	入住	2	1	

2. 第二范式(2NF)

如果一个数据表已经满足第一范式，而且该数据表中的任何一个非主键字段的数值都依赖于该数据表的主键字段，那么该数据表就满足第二范式。示例 1-2 就是使用第二范式规范化数据库设计的典型错误情况。

产生这种问题的原因是：非关键字属性“客房描述”不完全依赖于主关键字“入住单号”，而是完全依赖于“客房信息”关系的主键“客房编号”，所以解决该问题的办法是：将原来的设计分解成两个关系模式：“客房信息”和“入住信息”，将“客房描述”分解到“客房信息”关系中。

3. 第三范式(3NF)

如果一个数据表已经满足第二范式，而且该数据表中的任何两个非主键字段之间的数据不存在函数依赖或传递依赖关系，那么该数据表就满足第三范式。3NF 是一个实际可用关系模式应满足的最低范式。

【示例 1-3】 假设有如下关系模式 S，它包括客房编号、楼层编号、客房类型和标准价格。关系模式 S 的主键“客房编号”决定了各列的值，由于 S 使用单个关键字，因此没有部分依赖问题，满足第二范式。但在这个关系中，肯定还有大量的冗余，比如有关客房的客房类型、标准价格将重复存储，在插入、删除和修改时也将产生类似的情况。

产生这种问题的原因主要是由于关系中存在传递依赖造成的。即客房类型依赖于客房编号，而标准价格依赖客房类型，因此主键“客房编号”对标准价格的决定是通过传递依赖实现的。

使用第三范式可以解决上述问题，即每个关系模式不能出现传递依赖。示例 1-3 中，具体的解决方法是将关系模式 S 分解为两个关系：“客房信息”(客房编号，类型编号，楼层编号，…)和“客房类型”(类型编号，标准价格，…)。

三、实战演练

【演练 1-3】 思考“入住”关系应该包含哪些属性，并使用关系模式表示“入住信息”。

【演练 1-4】 分析“酒店客房管理系统”中的“预定”关系，使其满足第三范式。

四、课后练习

1．在表中能唯一标识一条记录的字段或字段的组合称为该表的____________。

2．关系模型的数据结构是__________，关系中的列称为________，行称为________。

3．规范化的关系模式中，第一范式要求所有属性都必须__________。

4．关系数据库总的关系模式至少应属于________范式。

5．什么是范式？各范式的包含关系是怎样的？

任务三　“酒店客房管理系统”数据库设计实例

一、任务演示

数据库设计是指针对应用问题，用给定的硬件、软件环境设计一个较优的数据模型，依据此模型建立数据库中的表、视图等结构，并以此为基础构建数据库信息管理应用系统。数据库结构设计的好坏直接影响到“酒店管理系统”的效率和实现效果，合理地设计数据库结构可以提高数据存储的效率，并且能保证数据的完整和统一。本任务是对“酒店客房管理系统”进行数据库的设计。

【示例 1-4】 为“酒店管理系统”做需求分析，并确定酒店客房管理数据库的实体、属性及其联系。

本项目主要实现的是对酒店的客房进行管理，使用户能轻松地找到所需要的客房信息。这个数据库还需提供订房和退房服务，并对酒店客房的业绩进行统计，为酒店管理人员了解一定时间段里酒店的客房管理情况与酒店的经营情况提供快捷、方便、高效的管理手段。建立较好的数据库，以实现服务管理的电子化、自动化，提高酒店客房管理的办公效率，及时为客户提供服务，为提高和改善酒店的服务质量提供保证。根据上述需求分析，酒店管理系统的数据结构设计如下：

(1) 客房类型：酒店所有的客房类型。它的属性包括类型编号、类型名称、标准价格、应交押金和备注。

(2) 客房：酒店所有客房的信息。它的属性包括客房编号、类型编号、额定人数、客房状态、客房描述和备注。

(3) 客户：所有预订和入住酒店的客户。它的属性包括客户编号、姓名、性别、证件类型、证件号码、联系电话和工作单位。

(4) 用户：酒店管理系统中能够登录的员工用户。它的属性包括用户账号、姓名、密码和权限。

(5) 预订表：记录客户预订客房的预订信息，它是一个联系。它的属性包括预订单号、预订房号、客户编号、预定时间、入住天数、押金、预计入住时间、操作员和备注。

(6) 入住表：记录客户入住客房的预定信息，它是一个联系。它的属性包括入住单号、入住房号、客户编号、入住时间、退房时间、押金、餐费、话费、其它消费、操作员和备注。

(7) 结算表：记录客户的结算信息，它是一个联系。它的属性包括结算单号、入住单号、实住天数、押金、折扣、应收金额、实收金额、结算时间、操作员和备注。

【示例 1-5】 根据以上数据结构，下面以“客户预订客房”为例画出“客户-客房”实体间的关系图。

一个客户可以预定多间客房，一间客房能被若干个客户预定，因而客户与客房之间的联系是 n∶m 的联系。根据各自的属性，画出客户与客房之间的联系 E-R 图，如图 1-1 所示。

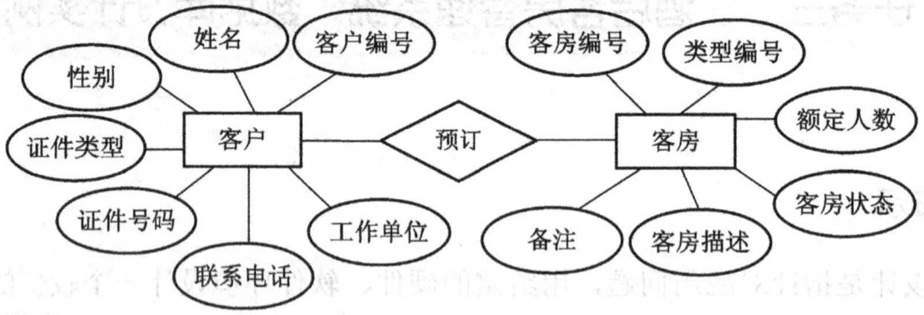

图 1-1　客户与客房之间的联系 E-R 图

【示例 1-6】 在上述概念设计的基础上，进行“酒店客房管理系统”数据库逻辑结构设计，将“客户-客房”的 E-R 图转化为关系模式。

(1) “客户”实体有 8 个属性，其中“客户编号”是主关键属性，即主键，经过规范化设计后转化为“客户”关系模式，即客户信息表(客户编号，客户姓名，性别，证件类型，证件号码，联系电话，工作单位，备注)。

(2) “客房”实体有 6 个属性，其中“客房编号”是主关键属性，即主键，经过规范化设计后转化为“客房”关系模式，即客房信息表(客房编号，客房类型，额定人数，客房状态，客房描述，备注)。

(3) “预定”实体有 9 个属性，其中“预定单号”是主关键属性，即主键。为了描述这种关系，增加了预订房号和预定客户编号两个外部关键字。“房号”来自“客房信息表”的外部关键字，描述哪间客房被预定。“预订客户编号”来自“客户信息表”的外部关键字，描述客房被哪位客户预定。经过规范化设计后转化为“客房预定表”关系模式，即客房预定表(预订单号，预订房号，预订客户编号，入住天数，押金，预计入住时间，预订时间，操作员，备注)。

以此类推，我们画出“酒店客房管理系统”的逻辑结构图如图 1-2 所示。

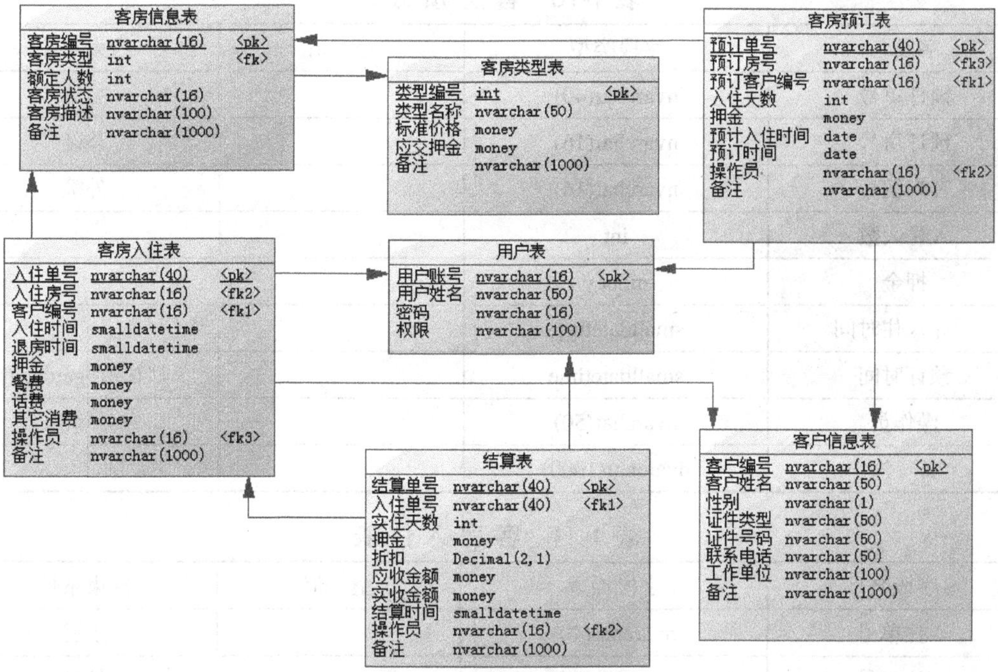

图 1-2　“酒店客房管理系统”的逻辑结构图

【示例 1-7】　在 SQL Server 2012 中，利用逻辑结构设计的结果对“酒店客房管理系统”进行物理结构设计。

(1) 确定数据表的结构，如表 1-8～表 1-14 所示。

表 1-8　客房类型表

字段名	字段类型	空　值	约束条件
类型编号	int	Not null	主键
类型名称	nvarchar(50)		
标准价格	money		
应交押金	money		
备　注	nvarchar(1000)		

表 1-9　客房信息表

字段名	字段类型	空　值	约束条件
客房编号	nvarchar(16)	Not null	主键
类型编号	int		外键
额定人数	int		
客房状态	nvarchar(16)		
客房描述	nvarchar(100)		
备　注	nvarchar(1000)		

表 1-10 客房预订表

字段名	字段类型	空 值	约束条件
预订单号	nvarchar(40)		主键
预订房号	nvarchar(16)		外键
客户编号	nvarchar(16)		外键
入住天数	int		
押金	money		
预计入住时间	smalldatetime		
预订时间	smalldatetime		默认值: getdate()
操作员	nvarchar(50)		外键
备 注	nvarchar(1000)		

表 1-11 客房入住表

字段名	字段类型	空 值	约束条件
入住单号	nvarchar(40)		主键
入住房号	nvarchar(16)		外键
客户编号	nvarchar(16)		外键
入住时间	smalldatetime		默认值：getdate()
退房时间	smalldatetime		
押金	money		
餐费	money		
话费	money		
其它消费	money		
操作员	nvarchar(50)		外键
备 注	nvarchar(1000)		

表 1-12 客户信息表

字段名	字段类型	空 值	约束条件
客户编号	nvarchar(16)	Not null	主键
客户姓名	nvarchar(50)		
性别	nvarchar(1)		“男”、“女”
证件类型	nvarchar(50)		默认值：身份证
证件号码	nvarchar(50)		唯一键
联系电话	nvarchar(100)		
工作单位	nvarchar(100)		
备 注	nvarchar(1000)		

表 1-13　结　算　表

字段名	字段类型	空　值	约束条件
结算单号	nvarchar(40)		主键
入住单号	nvarchar(40)		外键
实住天数	int		
押金	money		
折扣	Decimal(2,1)		
应收金额	money		
实收金额	money		
结算时间	smalldatetime		默认值: getdate()
操作员	nvarchar(50)		外键
备　注	nvarchar(1000)		

表 1-14　用　户　表

字段名	字段类型	空　值	约束条件
用户账号	nvarchar(16)	Not null	主键
用户姓名	nvarchar(50)		
密码	nvarchar(20)		
权限	nvarchar(50)		

(2) 确定物理存储位置。

由于“酒店客房管理系统”仅有 7 张数据表，考虑到数据库容量不是很大，将数据库存放到计算机的数据盘上即可。

二、必备知识

(一) 实体-联系模型

现实世界中存在的客观事物不能直接输入到计算机中处理，必须先将它们数据化。首先将现实世界中客观存在的事物及它们所具有的特性抽象为信息世界的实体和属性，然后使用实体-联系(Entity Relationship，E-R)图表示实体、属性之间的联系(概念数据模型)，最后再将 E-R 图转换为数据世界中的联系。

1．实体

现实世界中存在的并可相互区别的事物或概念称为实体，实体可以是具体的人、事、物，也可以是抽象的概念或联系。

例如：在“酒店客房管理系统”中，主要的实体有客房类型、客房信息、客户、预订、入住、用户、结算等。

在 E-R 图中，用矩形框表示实体，并将实体名写在矩形框内。实体中的每一个具体的记录值，称为实体的一个实例。

2．属性

属性是实体或者联系具有的特征或性质。例如，客房信息实体的属性有客房编号、类型编号、额定人数、客房状态、客房描述、备注等。一个实体的所有实例都具有共同属性。属性的个数由用户对信息的需求决定。

在 E-R 图中，用椭圆形框表示属性，并将属性名写在椭圆形框内，再用连线将属性框与它所描述的实体联系起来。

3．联系

联系是指不同实体之间的关系。在 E-R 图中，用菱形框表示联系，并将联系名写在菱形框内，再用连线将联系框与它所描述的实体联系起来，联系也可以有自己的属性。

4．联系的类型

现实世界中的事物是相互联系、相互制约的。就两个实体之间的联系来说，主要有以下三种情况：

一对一联系(1∶1)：如果实体集 E1 中的每一个实体至多和实体集 E2 中的一个实体有联系，反之亦然，那么称实体集 E1 与实体集 E2 中的联系是“一对一联系”，记为 1∶1。例如，酒店的注册会员都有一个编号，每个编号对应一个会员，会员和编号之间具有一对一联系。

一对多联系(1∶M)：如果实体集 E1 中的每个实体可以与实体集 E2 中的任意个(0 个或多个)实体间有联系，而实体集 E2 中的每个实体至多与实体集 E1 中的一个实体有联系，那么称实体集 E1 与实体集 E2 的联系是“一对多联系”，记为 1∶M。例如，酒店的一个楼层有多个客房编号，而一个客房编号只属于一个楼层，楼层与客房之间具有一对多联系。

多对多联系(M∶N)：如果实体集 E1 中每个实体可以与实体集 E2 中的任意个(0 个或多个)实体间有联系，反之亦然，那么称实体集 E1 与实体集 E2 中的联系是“多对多联系”，记为 M∶N。例如，酒店的一个楼层有多种客房类型，一个客房类型可分布在多个楼层，楼层和客房编号之间具有多对多联系。

(二) 数据的完整性

数据的完整性是指存储在数据库中的数据的正确性和可靠性，它是一种衡量数据库中数据质量的标准。数据完整性用于确保数据库中数据的正确性和一致性，同时确保符合企业规则。

满足数据完整性要求数据应具有以下特点：数据类型准确无误；数据的值满足设置范围；同一表格中的数据之间或多个表格中的数据之间都不存在冲突。数据完整性包括实体完整性、域完整性、参照完整性和用户定义完整性。

1．实体完整性

实体完整性用于确保数据库中所有实体的唯一性，也就是不使用完全相同的数据记录。在具体实现过程中，必须为表定义一个主关键字，且主关键字不能取空值或重复值，从而可以阻止相同的记录被存入系统中，如表 1-12 中的“客户编号”。

2. 域完整性

域完整性是对表中列的取值范围的规范，要求表中的列的数据类型、格式和取值位于某一个特定的允许范围内。例如，表 1-12 中的“性别”列的取值只能为“男”或“女”，学生的成绩在 0 到 100 之间等，域完整性要用合法的逻辑表达式界定。

3. 参照完整性

参照完整性是用来维护相关数据表之间数据一致性的手段，通过实现参照完整性，可以避免因一个数据表的记录改变而造成另一个数据表内的相关数据变成无效的值。也就是说，当一个数据表中有外部关键字时，外部关键字列的所有值都必须出现在对应的表中。例如，在表 1-10 中，“客房编号”是一个外部关键字，它是表 1-9 所示的“客房信息表”的主关键字，所以必须保证在表 1-10 中输入或修改的每一个客房编号都是在表 1-9 中已经存在的客房编号，否则不能输入。

4. 用户定义完整性

实体完整性和参照按整性约束是关系数据模型的两个最基本的完整性约束。除此之外，一般数据库管理系统还提供了由用户自己按照实际需要定义的约束关系，它反映了某一具体应用所涉及的数据必须满足的语义要求。例如，在表 1-12 的“客户信息表”中输入的每个客户的“证件号码”必须是 18 位，否则就不接受输入的数据。

SQL Server 2012 提供了一系列技术来实现数据完整性,关于数据的完整性在项目三中将会详细介绍。

(三) 数据库设计的步骤

数据库设计是整个系统开发的重要环节，其设计方法中比较著名的是新奥尔良(New Orlean)方法，这种方法将数据库设计分为四个阶段，即需求分析、概念结构设计、逻辑结构设计、物理结构设计阶段。

(1) 需求分析阶段。需求分析阶段主要是了解和分析用户需求，有针对性地收集信息并对信息进行分析和整理，从而为后续的各个阶段提供充足的信息，即首先必须确认数据库的用户和用途。由于数据库是一个单位的模拟，数据库设计者必须对一个单位的基本情况有所了解。收集和分析这些资料的过程称为需求分析。

(2) 概念结构设计阶段。概念模型是一种独立于计算机系统，用于建立信息世界的数据模型，反映现实系统中有应用价值的信息。它是现实世界的第一层抽象，是用户和数据库设计人员之间进行交流的工具。该阶段是整个数据库设计的关键，对需求分析的结果进行综合、归纳，从而形成一个独立于具体数据库管理系统的概念数据模型。通常使用 E-R 图来描述概念结构。

概念结构设计的任务就是将需求分析的结果抽象为概念模型。概念模型通常利用实体-联系法来描述，描述出的概念模型称为实体-联系模型(Entity-Relationship Model)，简称 E-R 模型。E-R 模型提供了表示实体、实体属性和实体间的联系的方法。E-R 图中的图形解释如下：

① 矩形：表示实体，矩形内标注的是实体的名字，如图 1-1 所示的“客户”实体。

② 椭圆：表示实体或联系所具有的属性，椭圆内标注的是属性名称，并用无向边把实体与其属性连接起来，如图 1-1 所示的“客户”实体的属性。

③ 菱形：表示实体间的联系，菱形内标注的是联系名，并用无向边把菱形分别与有关实体连接起来，在无向边旁标上联系的类型。需要注意的是，如果联系具有属性，则该属性仍用椭圆框表示，并且仍需要用无向边将属性与其联系连接起来，如图 1-3 所示的是客户与客房之间的预定联系。

将图 1-1 和图 1-3 合并，即是客户预订客房关系的完整 E-R 图。

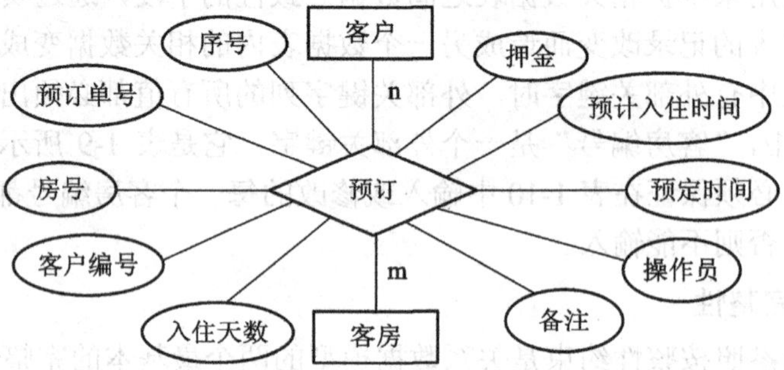

图 1-3 客户与客房之间的预定关系 E-R 图

(3) 逻辑结构设计阶段。由于概念结构设计的结果概念模型与数据模型无关，为了能实现用户的需求，需将概念模型转化为某种数据库管理系统支持的数据模型。然后，对数据模型进行优化，即对数据库进行适当的修改，再对数据模型的结构进行调整，以提高数据库应用系统的性能。逻辑结构设计的任务是把概念结构设计阶段产生的概念模型转换为选定的数据库管理系统相符合的逻辑结构，即把 E-R 图转换为数据模型。逻辑结构设计一般包含两个步骤，分别是将 E-R 图转换为初始的关系模式和对关系模式进行规范化处理。

(4) 物理结构设计阶段。根据数据库的逻辑和概念模型、DBMS、计算机系统所提供的功能和施加的限制，设计数据库在物理设备上的存储结构、存取路径和方式称为物理结构设计。物理结构设计要结合特定的数据库管理系统，不同的数据库管理系统的文件物理存储方式也是不相同的。确定数据库的物理结构主要是确定数据的存储结构和存取方法，包括确定关系、索引、聚集、日志和备份等信息的存储安排与存储结构，以及确定系统存储的参数配置。用户在设计表结构时，应注意以下几点：

① 确定数据表字段及其数据类型。将逻辑结构设计的关系模式转化为数据的存储单位——表。一个关系模式转化为一个表，关系名为表名，关系中的属性转化为表中的列，结合具体的实际管理系统，确定列的数据类型和精度。

② 确定哪些字段允许空值(NULL)。NULL 表示空值，即数值未知，而不是“空白”或“0”，这点要切记。比较两个空值是没有任何意义的，因为每个空值都表示未知。例如，存储客户信息时，“联系电话”和“工作单位”的字段在不知道的情况下可以先不输入，这时就需要在设计字段时，将它们的数据类型设置为 NULL，以便以后输入，这样可以保证数据的完整性。

③ 确定主键。主键可唯一确定一条记录，主键可以是单独的字段，也可以是多个字段的组合，但一个数据表中只能有一个主键。

④ 确定是否使用约束、默认值和规则等。约束、默认值和规则等用于保证数据的完整性。例如在进行数据查询时，只有满足定义的约束和规则时才能成功。在设计表结构时，应明确是否使用约束、默认值和规则等，以及在何处使用它们。

⑤ 确定是否使用外键。建立数据表间的关系需要借助主键-外键关系来实现。因此，是否为数据表设置外键也是设计数据表时必须考虑的问题。

⑥ 是否使用索引。使用索引可以加快数据检索的速度，提高数据库的使用效率，确定在哪些字段上使用索引，以及使用什么样的索引，是用户必须考虑的问题。

除了上述四个阶段外，数据库的设计还需要进入数据库的实施、运行和维护阶段。这样，才算真正完成一个数据库的完整设计。

三、实战演练

【演练 1-5】 酒店的数据库操作人员即用户应该使用哪些属性来描述？

【演练 1-6】 描述“酒店客房管理系统”中的“入住”关系的属性，然后画出 E-R 图，再并入到“客户预定客房”关系中，将其转换成关系模式并确定表的结构。

四、课后练习

1．在现实世界中客观存在并能相互区别的事物称为(　　)。

A．实体　　B．实体集　　C．字段　　D．记录

2．在数据库设计的(　　)阶段中，用 E-R 图来描述信息结构。

A．需求分析　　B．概念结构设计

C．逻辑结构设计　　D．物理结构设计

3．下列属于逻辑结构设计阶段任务的是(　　)。

A．生成数据模型　　B．集成局部 E-R 图

C．将 E-R 图转换为一组关系模式　　D．确定数据存取方法

4．一个图书管理系统中有如下信息：

(1) 图书：书号，书名，作者，价格，图书的类型，库存量，出版社名称。

(2) 借书人：借书证号，姓名，单位。

(3) 出版社：出版社名称，邮编，地址，联系电话，E-mail。

其中约定：任何人可以借多种书；任何一种书可以被多人借；借书或还书时都要登记相应的借书日期或还书日期；一个出版社可以出版多种书籍；同一本书仅被一个出版社出版；出版社社名有唯一性。

请分析该系统各实体之间的关系，并画出对应的 E-R 图。

项目二 创建和管理数据库

数据库技术是计算机软件领域的一个重要分支，是研究数据库结构、组织、加工、存储和使用的一门软件科学，是进行各种数据管理和处理的技术。数据库是 SQL Server 2012 最基本的操作对象之一。

在“酒店客房管理系统”中，用户该如何来创建一个 hotelBook 的数据库呢？随着酒店业务的不断扩大，数据库一旦创建成功了，数据库的初始容量是否能扩大呢？如果用户想查看数据库的相关信息，以及想更改数据库的名字，那么数据库是否还能正常使用呢？有些时候用户想要脱机使用某一个数据库，那该如何进行操作呢？本项目主要给读者阐述和演示怎样使用 SQL Server 2012 数据库管理系统工具来创建和管理“酒店客房管理系统”。本项目分为三个任务：

(1) SQL Server 2012 的安装与配置。

(2) 创建“酒店客房管理系统”数据库。

(3) 管理“酒店客房管理系统”数据库。

任务一　SQL Server 2012 的安装与配置

一、任务演示

【示例 2-1】 为了实现对酒店客房进行管理，需要安装和配置数据库管理系统环境。本任务即安装 SQL Server 2012，并处理好在安装过程中可能出现的问题。

(1) 首先在安装之前，确认下系统安装的软、硬件环境。

① 软件环境：SQL Server 2012 支持 Windows 7、Windows Server 2008 R2、Windows Server 2008 Service Pack 2 和 Windows Vista Service Pack 2。

② 硬件环境：SQL Server 2012 支持 32 位操作系统，至少 1 GHz 或同等性能的兼容处理器，建议使用 2 GHz 及以上的处理器；支持 64 位操作系统，1.4 GHz 或速度更快的处理器。最低支持 1 GB RAM，建议使用 2 GB 或更大的 RAM，至少 2.2 GB 可用硬盘空间。

(2) 系统解压缩之后打开该文件夹，双击 SETUP.EXE，开始安装 SQL Server 2012，主要的安装图解步骤如下：

步骤 1：当系统打开“SQL Server 安装中心”，则我们可以开始正常安装 SQL Server 2012 了，如图 2-1 所示。

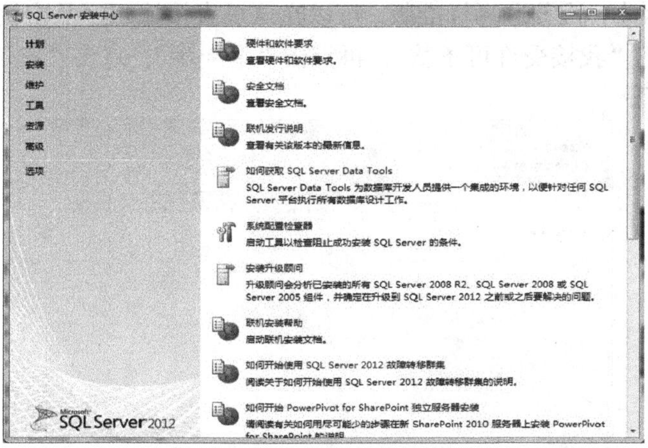

图 2-1　SQL Server 安装中心图

步骤 2：在系统安装之前，务必通过“系统配置检查器”，检查一下系统中阻止 SQL Server 2012 成功安装的条件是什么，以减少安装过程中报错的几率，如图 2-1 和图 2-2 所示。

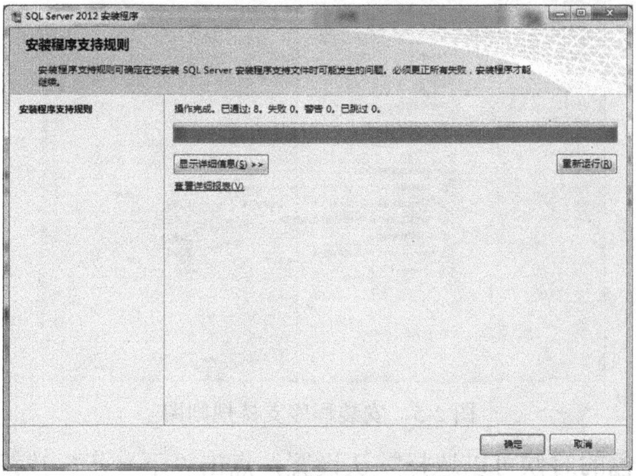

图 2-2　系统配置检查

步骤 3：选中图 2-3 右侧的第一项“全新 SQL Server 独立安装或向现有安装添加功能”，通过向导一步步在“非集群环境”中安装 SQL Server 2012。

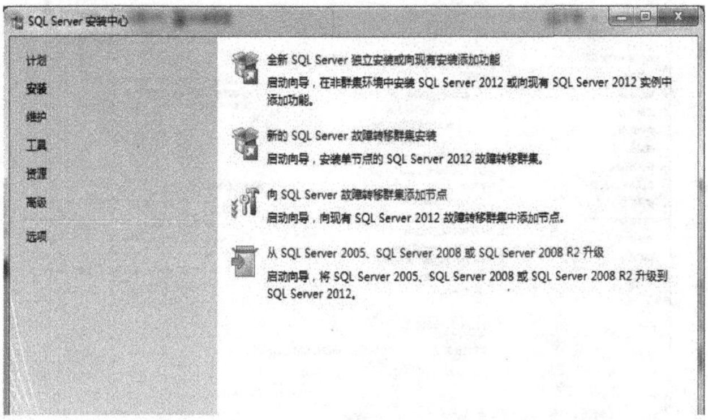

图 2-3　全新 SQL Server 独立安装或向现有安装添加功能图

步骤 4：选择版本，推荐选择标准版，可以在这里直接输入产品密钥，点击“下一步”，如图 2-4 所示；勾选“我接受许可条款”，再点击“下一步”；点击“安装”，在下一个界面直接点击“下一步”。

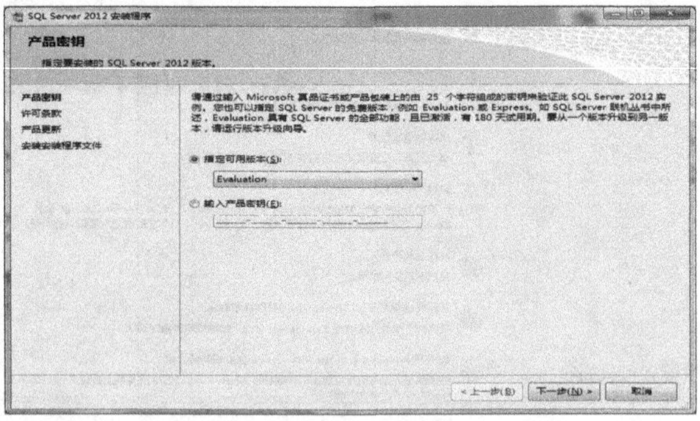

图 2-4 版本选择及产品密钥输入图

步骤 5：安装前的程序支持规则检查，如图 2-5 所示。

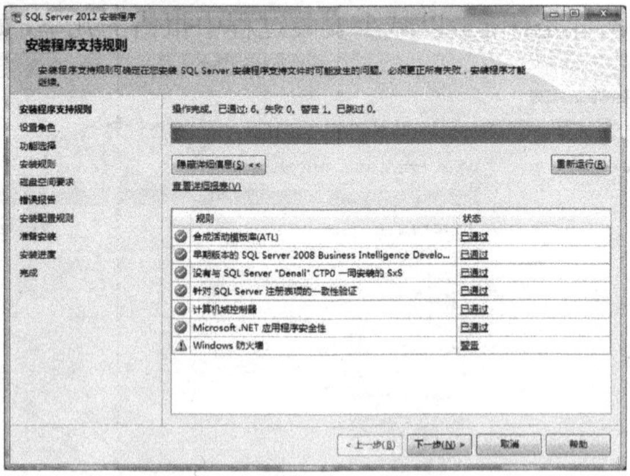

图 2-5 安装程序支持规则图

步骤 6：设置角色的时候可以选择默认设置，点击“下一步”按钮。设置功能选择时，点击“全选”按钮，点击“下一步”按钮。选择实例安装目录(命名实例选择“默认”即可)，点击“下一步”按钮，如图 2-6 所示。

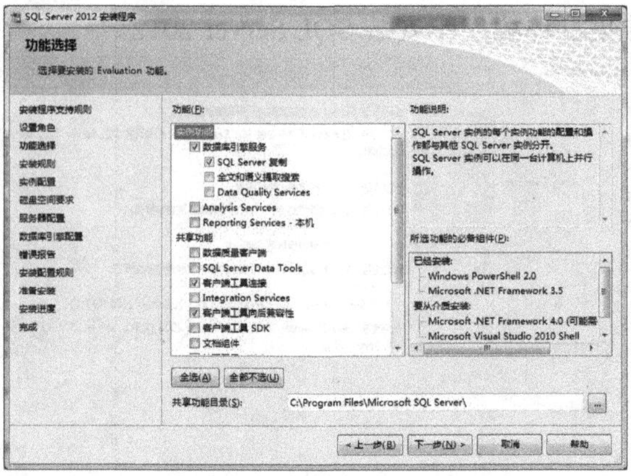

图 2-6 功能选择图

步骤 7：实例配置如图 2-7 所示。

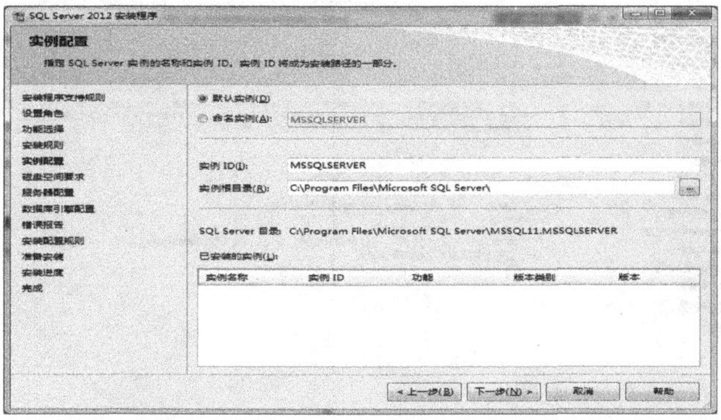

图 2-7 实例配置图

步骤 8：磁盘空间需求，如图 2-8 所示。

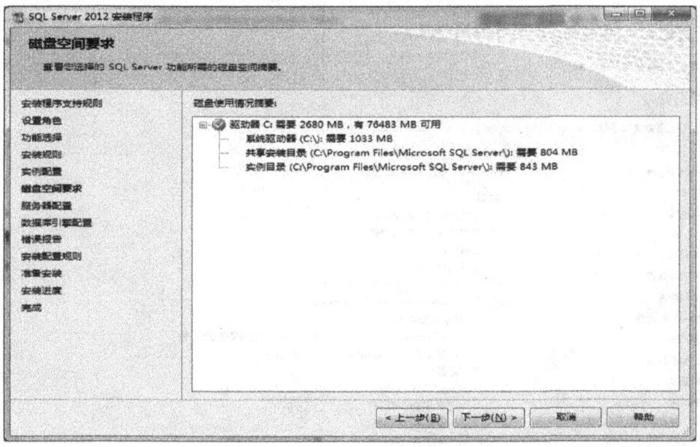

图 2-8 磁盘空间需求图

步骤 9：数据库引擎配置如图 2-9 所示。在“服务器配置”选项中选择一种“身份验证模式”，可以是“Windows 身份验证模式(W)”，也可以是“混合模式(SQL Server 身份验证和 Windows 身份验证)(M)”，系统默认为第一种模式。接着，系统要求必须设置一个 SQL Server 系统管理员，系统默认管理员是 sa。

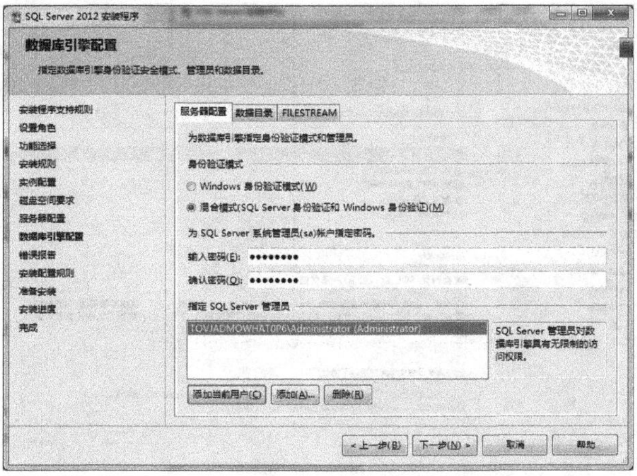

图 2-9 数据库引擎配置图

步骤 10：错误报告，如图 2-10 所示。

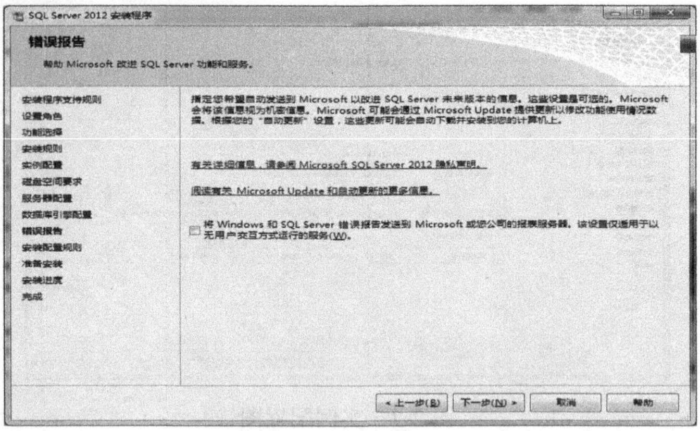

图 2-10　错误报告图

步骤 11：准备安装，如图 2-11 所示。

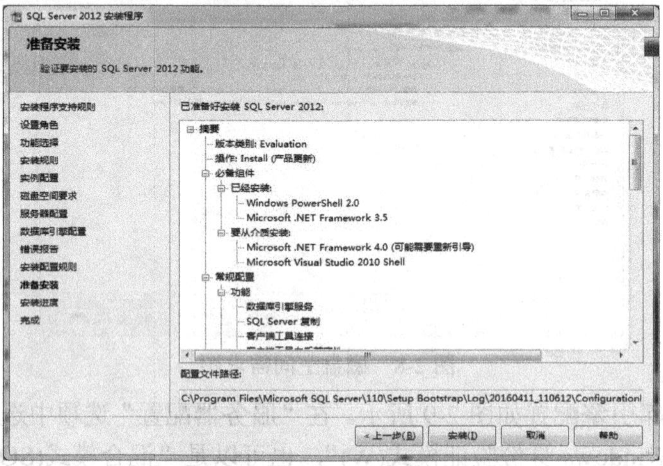

图 2-11　准备安装图

步骤 12：安装成功，如图 2-12 所示。

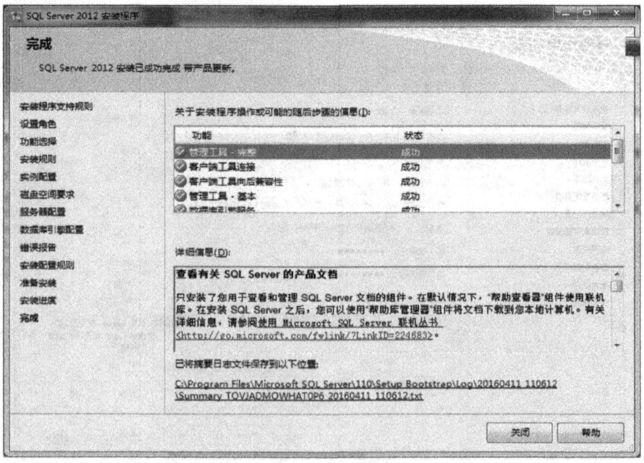

图 2-12　安装成功图

二、必备知识

（一）SQL Server 2012 版本

SQL Server 2012 是一个关系型数据库管理系统(Relational Database Management System，RDBMS)，同时也是一个全面的、集成的、端到端的数据库解决方案，它为企业中的用户提供了一个安全、可靠和高效的平台，用于企业数据管理和商业智能应用。SQL Server 2012 数据库为关系型数据和结构化数据提供了更安全、可靠的存储功能，可以构建和管理用于业务的高可用和高性能的数据应用程序，主要有以下 3 种版本。

1．SQL Server 2012 企业版

SQL Server 2012 企业版能够支持超大型企业进行联机事务处理 (OLTP)、高度复杂的数据分析和提高数据仓库系统和网站所需的性能水平。它的商业智能和分析能力及其高可用性功能使其可以处理大多数关键业务的企业工作负荷。它是最全面的 SQL Server 版本，是超大型企业的理想选择，能够满足最复杂的要求。

2．SQL Server 2012 标准版

SQL Server 2012 标准版适合中、小型企业的数据管理和分析平台。它包括电子商务、数据仓库和业务流程解决方案所需的基本功能。它的集成商业智能和高可用性功能可以为企业提供支持其运营所需的基本功能。它是中、小企业进行完整数据管理和分析的理想选择。

3．SQL Server 2012 工作组版

SQL Server 2012 工作组版适合于那些需要在大小和用户数量上没有限制的数据库小型企业，它可以用作前端 Web 服务器，也可以用于部门或分支机构的运营。它具有 SQL Server 产品系列的核心数据库功能，并且可以轻松地升级至标准版或企业版，更是一种理想的入门级数据库，具有可靠、功能强大且易于管理的特点。

（二）SQL Server 2012 认证模式

SQL Server 2012 提供了两种确认用户账户对数据库引擎服务的验证模式：

1．Windows 身份验证

SQL Server 数据库系统通常运行在 Windows 服务器上，而 Windows 作为网络操作系统，本身就具备管理登录、验证账户合法性的能力，因此 Windows 验证模式正是利用了这一用户安全性和帐号管理的机制，允许 SQL Server 可以使用 Windows 的用户名和口令。在这种模式下，用户只需要通过 Windows 的验证，就可以连接到 SQL Server，而 SQL Server 本身也就不需要管理一套登录数据。

2．SQL Server 身份验证

SQL Server 身份验证模式允许用户使用 SQL Server 安全性连接到 SQL Server。在该认证模式下，用户在连接 SQL Server 时必须提供登录名和登录密码，这些登录信息存储在系统表 syslogins 中，与 Windows 的登录账号无关。

三、实战演练

【演练 2-1】　成功启动 SQL Server 2012，并熟悉 SQL Server Management Studio 环境。

【演练 2-2】　熟练使用 SQL Server 2012 的联机帮助文档。

四、课后练习

1．SQL Server 2012 是一个________________型数据库管理系统。

2．SQL Server 2012 的版本主要包括____________、____________、____________。

3．如何启动和停止 SQL Server 2012 服务器？

4．在 SQL Server Management Studio 环境中，主要包含有哪几个组件窗口？各有什么作用？

任务二　创建“酒店客房管理系统”数据库

一、任务演示

【示例 2-2】　使用 SQL Server Management Studio 工具完成“酒店客房管理系统”数据库 hotelBook 的创建。要求如下：创建一个名字为 hotelBook 的数据库，该数据库包含一个主数据文件和一个事务日志文件，主数据文件的逻辑名为 hotelBook，主数据文件的物理名为 hotelBook.MDF 数据文件的初始容量为 5 MB，最大文件大小不限制文件增长，文件增长的容量为 1 MB，而事务日志文件的逻辑文件名 hotelBook_log，事务日志文件的物理名为 hotelBook_log.LDF，文件初始容量为 2 MB，最大文件大小不限制文件增长，文件增长的容量为 10%，数据库文件均放置在默认目录下。

(1) 单击“开始”按钮，选择“所有程序”->“Microsoft SQL Server 2012”->“SQL Server Management Studio”->“对象资源管理器”。

(2) 右击“数据库”节点，在弹出的菜单中选择“新建数据库”选项，如图 2-13 所示。

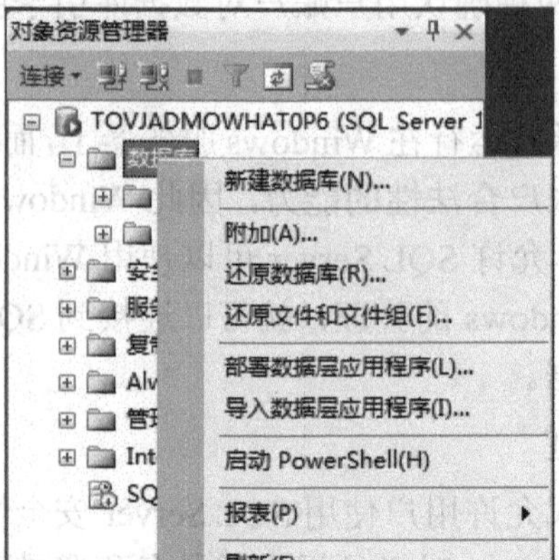

图 2-13　对象资源管理器-创建数据库

(3) 单击“新建数据库”选项，打开“新建数据库”对话框，如图 2-14 所示。该对话框包含 3 个选择页：“常规”、“选项”和“文件组”。其中，在“常规”选项中，可以设置新建数据库的名称、数据文件或日志文件名称、文件的初始大小、自动增长和存放路径，如本例中数据库的名称为“hotelBook”。

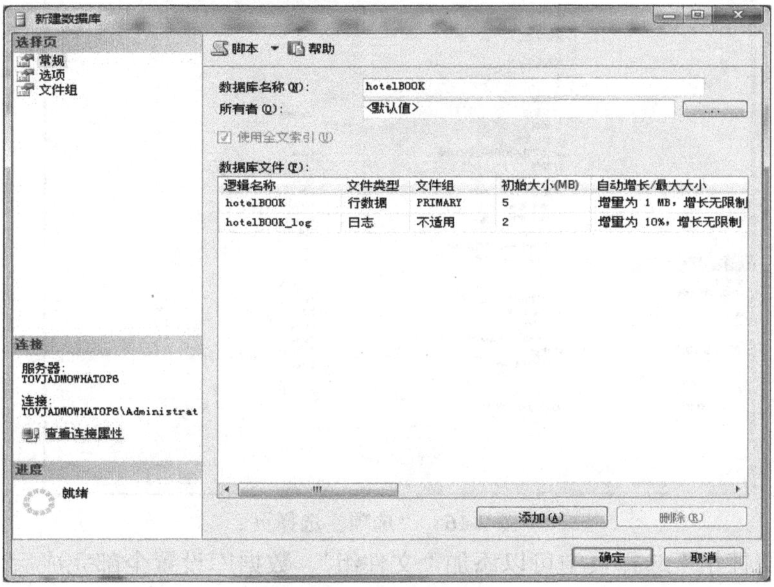

图 2-14　新建数据库对话框

(4) 在图 2-14 中，如果需要添加数据文件或日志文件名称，则单击“添加”按钮，在“逻辑名称”栏输入要添加文件的逻辑名，日志的逻辑名称以系统默认的数据库名为前缀，如 hotelBook_log。在“文件类型”栏选择“数据”或“日志”。

(5) 更改数据库的自动增长方式，单击与数据文件行对应的自动增长选项中的“[...]”按钮，即可打开“更改 hotelBook 的自动增长设置”对话框。文件的增长方式有多种，其系统的默认增长方式是“按 MB(M)”，日志文件的默认方式是“按百分比(P)”，如图 2-15 所示。

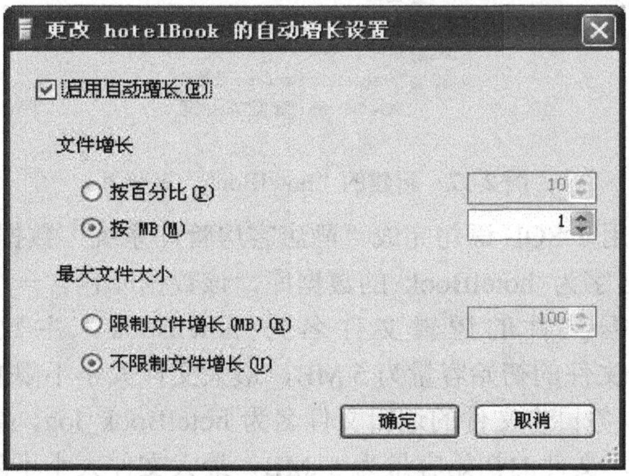

图 2-15　“更改 hotelBook 的自动增长设置”对话框

(6) 在“选项”选择页中可以设置数据库的选项，如排序规则和恢复模式等，如图 2-16 所示，在各属性的下拉列表框中可以选择。

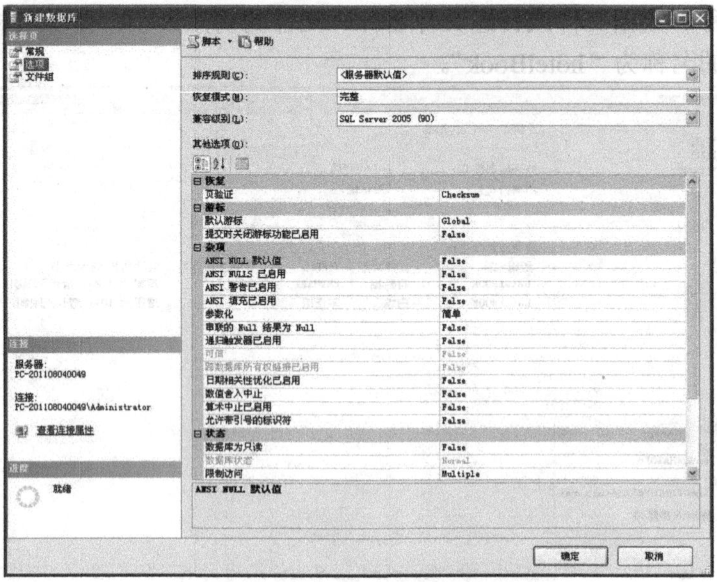

图 2-16　“选项”选择页

(7) 在“文件组”选择页中可以添加“文件组”。数据库设置全部完成后，单击“确定”按钮，即可创建 hotelBook 数据库。在“对象资源管理器”窗口中，就会看到新建立的 hotelBook 数据库，如图 2-17 所示。

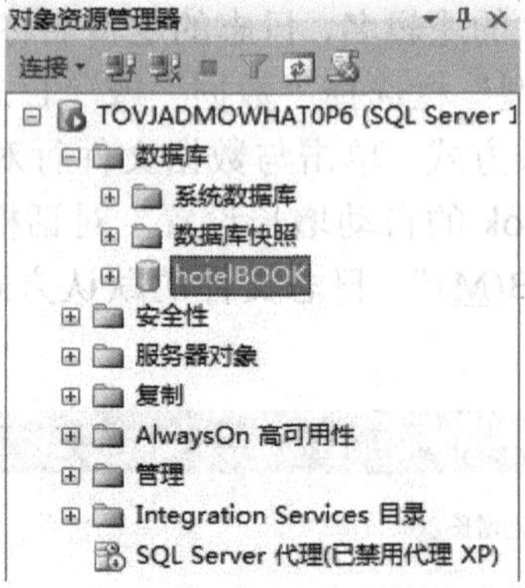

图 2-17　新建的“hotelBook”数据库

【示例 2-3】　使用 T-SQL 语句完成“酒店客房管理系统”数据库 hotelBook 的创建。要求如下：创建一个名字为 hotelBook 的数据库，该数据库包含一个主数据文件和一个事务日志文件，主数据文件的逻辑文件名为 hotelBook，主数据文件的物理名为 hotelBook.MDF，数据文件的初始容量为 5 MB，最大文件大小不限制文件增长，文件的增长容量为 1 MB，而事务日志文件的逻辑文件名为 hotelBook_log，事务日志文件的物理名为 hotelBook_log.LDF，文件的初始容量为 5 MB，最大文件大小不限制文件增长，文件增长的容量为 10%，数据库文件均放在指定目录下(d:\mydata\)。

创建数据库的具体步骤如下：

(1) 在 SQL Server Management Studio 中，单击工具栏上的“新建查询”按钮，打开编辑窗口，如图 2-18 所示，并在其中输入如下代码：

```
CREATE DATABASE hotelBook
ON
(NAME=hotelBook_data,
FILENAME='d:\mydata\hotelBook.mdf',
SIZE=5MB,
MAXSIZE=UNLIMITED,
FILEGROWTH=1MB)
LOG ON
(NAME=hotelBook_log,
FILENAME='d:\mydata\hotelBook_log.ldf',
SIZE=5MB,
MAXSIZE=UNLIMITED,
FILEGROWTH=10%)
Go
```

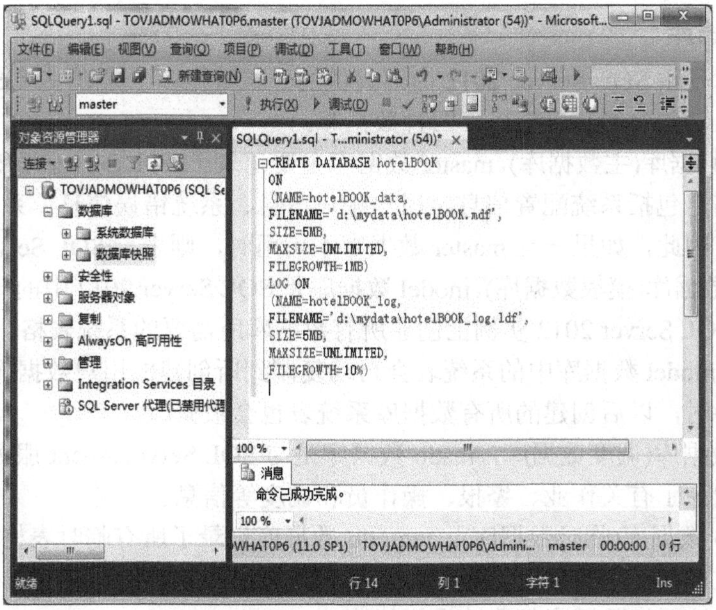

图 2-18 新建编辑窗口

(2) 输入上述代码后，按[CTRL+F5]键或单击工具栏上的“分析”按钮，对输入的代码进行分析查询，检查通过后，按[F5]键或单击工具栏的上“执行”按钮。消息窗口中如果返回“命令已成功完成”即表示数据库创建成功。

(3) 在“对象资源管理器”中，右击“数据库”节点，在弹出的快捷菜单中单击“刷新”命令，即可看到新创建的“hotelBook”数据库，如图 2-19 所示。

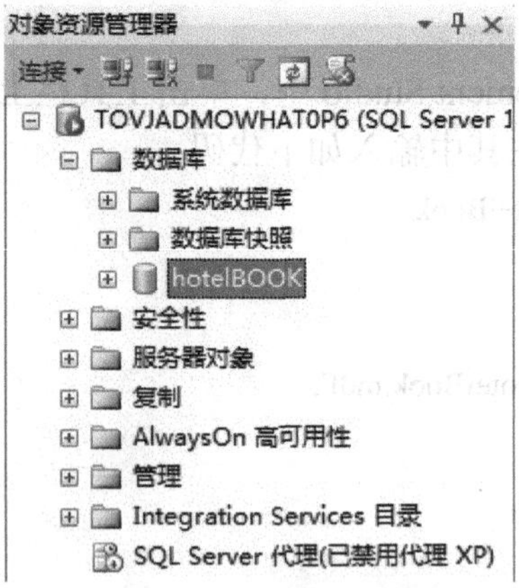

图 2-19 新建“hotelBook”数据库

二、必备知识

(一) 数据库分类

在 SQL Server 2012 系统中，数据库主要分为系统数据库、数据库快照和用户数据库三类。

1. 系统数据库

系统数据库是由 SQL Server 2012 内部提供的一组数据库，是在安装 SQL Server 2012 时由安装程序自动创建的，包括以下四种数据库：

(1) master 数据库(主数据库)。master 数据库主要记录了 SQL Server 系统的系统级信息，这些系统级的信息包括系统配置信息、用户账户信息、系统错误信息、系统存储过程，以及系统视图等。因此，如果一旦 master 数据库不可用时，则表示 SQL Server 将无法启动。

(2) model 数据库(模板数据库)。model 数据库是 SQL Server 2012 中的一个模板数据库，其中包含了在 SQL Server 2012 实例上创建所有数据库所需要的系统表格。当用户创建一个用户数据库时，model 数据库中的系统表会自动复制到所创建的用户数据库。当修改 model 数据库中的表格时，以后创建的所有数据库系统表也会被修改。

(3) msdb 数据库(调度数据库)。msdb 数据库是与 SQL Server Agent 服务有关的数据库，该系统数据库记录了有关作业、警报、操作员和调度等信息。

(4) tempdb 数据库(临时数据库)。tempdb 数据库记录了所有临时表格、临时数据和临时创建的存储过程，是一个临时数据库，该系统数据库每次启动都是空的。因为每次启动 SQL Server 时，该系统数据库都会被重新创建。

2. 数据库快照

数据库快照是数据库(源数据库)的只读、静态视图。多个快照可以位于一个源数据库中，并且可以作为数据库始终驻留在同一个服务器实例上。创建快照时，每个数据库快照在事务上与源数据库一致。在被数据库所有者显式地删除之前，快照始终存在。

3. 用户数据库

用户数据库是用户自己创建的数据库，酒店客房管理数据库就是一个用户数据库。

(二) 数据库的组成结构

SQL Server 2012 数据库是用来存储数据和其他数据库对象的操作系统文件，是数据库管理系统的核心。数据库对象是存储和管理数据的结构形式，主要包括数据库、表、函数、视图、存储过程、触发器、规则等。

1. 事务日志

所谓事务是指一个单元的工作，该单元的工作要么全部完成，要么全部不完成这样可以保证数据库操作的一致性和完整性。SQL Server 将各种事务都记录在事务日志中，包括一个事务的开始、数据的修改和删除等信息。

2. SQL Server 数据库文件的类型

在 SQL Server 2012 中，每一个数据库都至少由一个主数据文件和一个事务日志文件组成。其中，数据文件包括主数据文件和次要数据文件，下面分别加以介绍。

(1) 主数据文件。主数据文件用来存储数据库的数据和数据库的启动信息，并指向数据库中的其它文件。每一个数据库必须有且只有一个主数据文件，主数据文件的扩展名为 .MDF。

(2) 次要数据文件。次要数据文件用来存储数据库的数据，是可选的。次要数据文件由用户定义，使用次要数据文件可以扩展数据库的存储空间。次要数据文件的可用于将数据分散到多个磁盘上。次要数据文件的扩展名为.NDF。

(3) 事务日志文件。事务日志文件用来存储数据库的事务日志。事务日志用来恢复数据库的日志信息，因为在数据库中进行的所有修改、操作都记录在事务日志中。每个数据库至少要有一个事务日志文件，事务日志文件的扩展名为 .LDF。

3. SQL Server 数据库文件组

建立文件组的目的是提高数据的查询速度，便于对数据库中的数据进行维护，可以把存储在不同磁盘上的多个数据文件组成一个或多个文件组。每个数据库都有一个主文件组，主数据文件总是存放在主文件组中。如果数据库中只有一个文件组，则所有的数据文件都存放在该主文件组，也可以创建用户自己定义的文件组。

文件组在一个数据库中可以有多个，而且每一个文件组都有一个文件名，默认的文件组以 primary 命名，当然这个默认的文件组名是可以修改的。

(三) 创建数据库的 T-SQL 语句

创建数据库也可以使用 CREATE DATABASE 语句来实现，CREATE DATABASE 语句的语法格式如下：

```
CREATE DATABASE database_name
ON
(NAME=logical_file_name,
FILENAME='os_file_name',
SIZE=size,
MAXSIZE={max_size | UNLIMITED},
```

```
FILEGROWTH=grow_increment
}[,...n]
LOG ON
(NAME=logical_file_name,
FILENAME='os_file_name'
SIZE=size，
MAXSIZE={max_size | UNLIMITED}，
FILEGROWTH=grow_increment
}[,...n]
```

其中：

(1) database_name 是要建立的数据库名称。PRIMARY 用来在主文件组中指定文件。若没指定，则该语句中所列的第一个文件成为主文件。

(2) LOG ON 用来指定建立数据库的事务日志文件。

(3) NAME 用来指定数据或事务日志文件的逻辑名称。

(4) FILENAME 用来指定文件的操作系统文件名称和路径。

(5) SIZE 用来指定日志文件的初始大小，默认单位为 MB，也可指定单位为 KB、GB、TB 等。

(6) MAXSIZE 用来指定文件能够增长到的最大限度，默认单位为 MB。如果没有指定最大限度，文件将一直增长到磁盘满为止。

(7) UNLIMITED 是指文件无容量限制。

(8) FILEGROWTH 用来指定文件的增长量，该参数不能超过 MAXSIZE 的值，默认单位为 MB。

三、实战演练

【演练 2-3】 使用 SQL Server Management Studio 创建数据库。要求如下：数据库名为“myHotelBook”；主数据文件的逻辑名为“myHotelBook”，物理名为“myHotelBook.MDF”，初始大小为 10 MB，最大为 50 MB，数据库自动增长，增长方式按 5%比例增长，存放路径为“d:\sqldata”；事务日志文件的逻辑名为“myHotelBook_log”，物理名为“myHotelBook_log.LDF”，初始大小为 2 MB，最大可增长到 5 MB，按 1 MB 增长，存放路径为“d:\sqldata”。

【演练 2-4】 使用 T-SQL 语句创建数据库。创建一个名字为“newHotelBook”的数据库，该数据库包含一个主数据文件和一个事务日志文件，主数据文件的逻辑名为“newHotelBook”，物理名为“newHotelBook.MDF”，初始大小为 5 MB，最大容量为 25 MB，按 1 MB 增长，存放路径为“d:\sqldata”；事务日志文件的逻辑名为“newHotelBook_log”，物理名为“newHotelBook_log.LDF”，初始大小为 5 MB，最大容量为 10 MB，文件增长容量为 10%，存放路径为“d:\sqldata”。参考的 T-SQL 语句如下：

```
CREATE DATABASE newHotelBook
ON
```

```
(NAME=newHotelBook_data,
FILENAME='d:\sqldata\newHotelBook.MDF',
SIZE=5MB,
MAXSIZE=25MB,
FILEGROWTH=1MB)
LOG ON
(NAME= newHotelBook_log,
FILENAME='d:\sqldata\newHotelBook_log.LDF',
SIZE=5MB,
MAXSIZE=10MB,
FILEGROWTH=10%)
Go
```

四、课后练习

1．创建数据库的 SQL 语句为______________。

2．SQL server 数据库文件有三类，其中主数据文件的扩展名为______________。

3．下列数据库中，属于 SQL Server 系统数据库的是(　　)数据库。

A．Northwind　　B．tempdb

C．pubs　　D．sysdb

4．事务日志文件的默认扩展名是(　　)。

A．MDF　　B．NDF　　C．LDF　　D．DBF

5．SQL Server 2012 中用户的登录账户信息保存在(　　)数据库中。

A．master　　B．model　　C．msdb　　D．tempdb

任务三　管理“酒店客房管理系统”数据库

一、任务演示

【示例 2-4】　使用 SQL Server Management Studio 工具完成对“酒店客房管理系统”数据库 hotelBook 的管理，具体要求如下：

(1) 查看 hotelBook 数据库信息，其中包含常规、文件、文件组、选项、权限、扩展属性、镜像和事务日志等。

(2) 修改 hotelBook 数据库文件，它的初始大小为 5 MB，现需将其大小增加到 25 MB，hotelBook 数据库中的事务日志文件 hotelBook_log 的大小由原来的 5 MB 增加到 8 MB，文件增长容量都为 10%。在完成以上操作后，实现 hotelBook 数据库的大小收缩到原来的 20%。

(3) 将数据库 hotelBook 进行分离，找到默认目录下的数据库文件并复制到 d:\mydata 目录下作为备份，并且对 d:\mydata 目录下的数据库文件进行附加操作。

(4) 将数据库 hotelBook 更名为 newHotelBook，然后将 newHotelBook 数据库删除。同时，附加默认目录下的数据库文件，数据库名仍然为 hotelBook。

(5) 实现数据库 hotelBook 的联机操作与脱机操作。

使用 SQL Server Management Studio 的具体操作步骤如下：

1．查看 hotelBook 数据库信息

(1) 单击“开始”按钮，选择“程序”->“Microsoft SQLServer 2012”->“SQL Server Management Studio”->“对象资源管理器”，然后展开“数据库”节点。

(2) 右击要查看信息的数据库“hotelBook”，在弹出的快捷菜单中，单击“属性”按钮，如图 2-20 所示，即可打开“数据库属性-hotelBook”对话框。

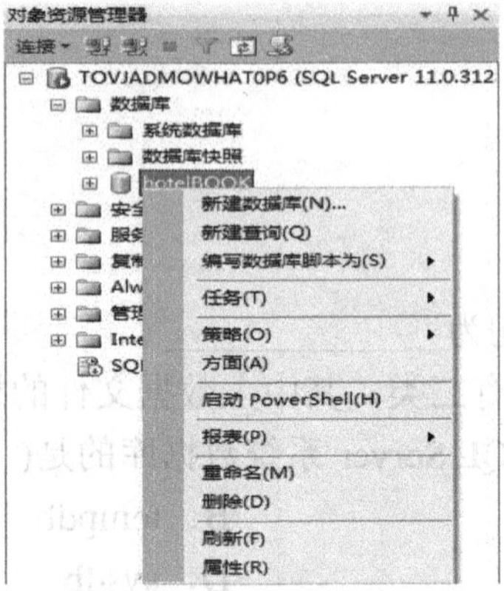

图 2-20　查看 hotelBook 数据库属性

(3) 打开“数据库属性-hotelBook”对话框，就可以查看数据库 hotelBook 的相关信息，其中包含常规、文件、文件组、选项、更新跟踪、权限、扩展属性、镜像和事务日志选项，如图 2-21 所示。

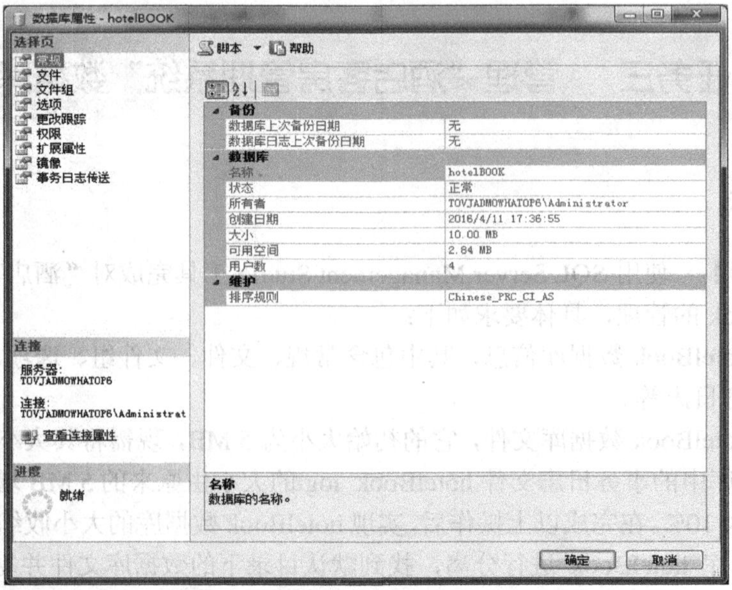

图 2-21　“数据库属性-hotelBook”对话框

2．数据库的增大与收缩

在数据库的使用过程中，当数据库的的容量超过了原先设计的初始容量时，必须为它增加容量。进入“对象资源管理器”，展开“服务器”，单击加号(+)展开“数据库”，展开“hotelBook”用户数据库，右击，在出现的菜单中单击“属性”命令，打开“数据库属性”对话框，在选择页中选“文件”选项，如图 2-22 所示，在此可以修改数据库文件和事务日志文件的初始大小和增加方式。

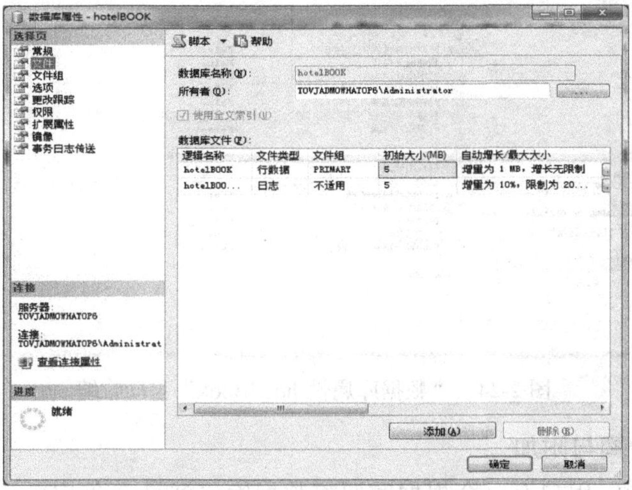

图 2-22　“数据库属性”的文件选项

如果分配给某数据库的空间过多时，可以通过收缩数据库容量来减少空间的浪费。进入“对象资源管理器”，展开“服务器”，单击加号(+)展开“数据库”，展开“hotelBook” 用户数据库，右击，在出现的菜单中单击“任务->收缩”命令，打开“收缩数据库-hotelBook”对话框，如图 2-23 所示，在此对话框中可以设置收缩容量等。最后，单击“确定”按钮，即可完成数据库收缩。

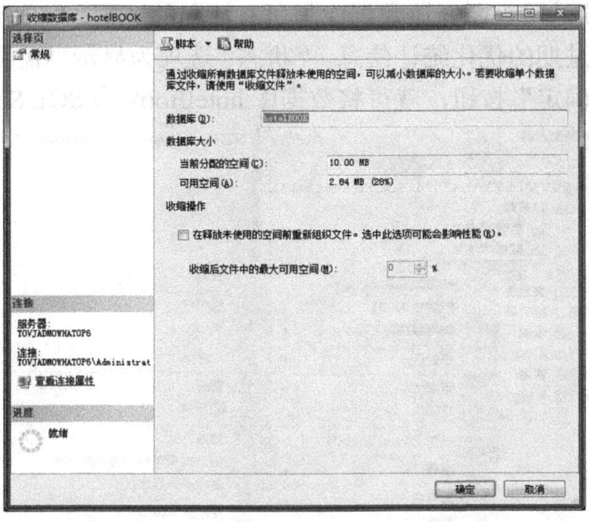

图 2-23　“收缩数据库-hotelBook”对话框

如果需要将数据库设置为自动收缩，可以右击要收缩的数据库，在出现的菜单中单击“属性”命令，打开“数据库属性-hotelBook”对话框，如图 2-24 所示，选中“选项”选择页，在“自动收缩”对应的下拉列表框中选择“True”即可。

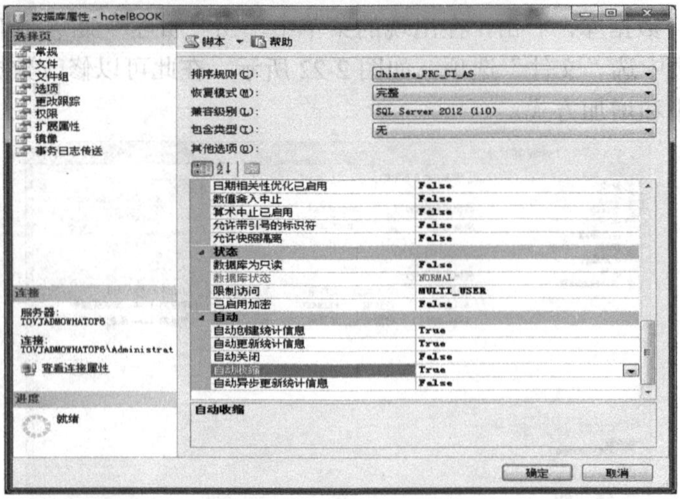

图 2-24 “数据库属性-hotelBook”自动收缩

3．数据库的分离与附加

在数据库管理中，用户有时会根据需要将数据库移到另一个 SQL Server 2012 实例或服务器中，也可能将数据文件和事务日志文件移到不同的物理磁盘上，这些操作都可由分离数据库和附加数据库来完成。

(1) 分离数据库。分离数据库的操作如下：

进入对象资源管理器，展开“服务器”，单击加号(+)展开“数据库”，展开“hotelBook”用户数据库，右击，在出现的菜单中选择“任务->分离”命令，如图 2-25 所示。打开“分离数据库”对话框，如图 2-26 所示，在此对话框中对将要分离的数据库进行各种操作。例如，“删除连接”选项是用来断开该数据库与所有活动的连接。“更新统计信息”选项是指在分离数据库时保留过期的优化统计信息。“状态”选项为显示当前数据库的状态，如果状态为就绪时，单击“确定”按钮，就可将数据库 hotelBook 与 SQL Server 服务器分离。

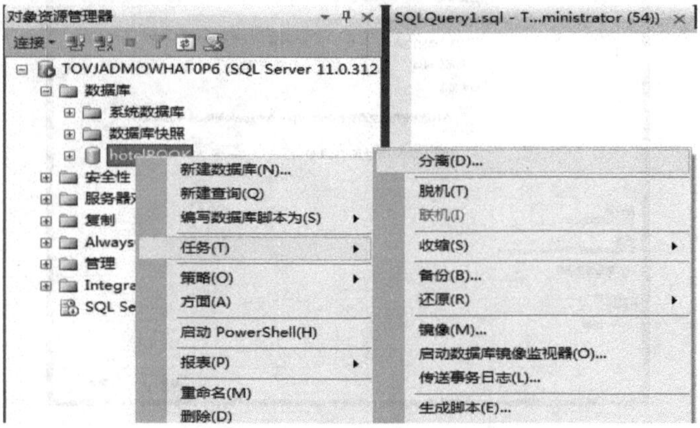

图 2-25 分离 hotelBook 数据库

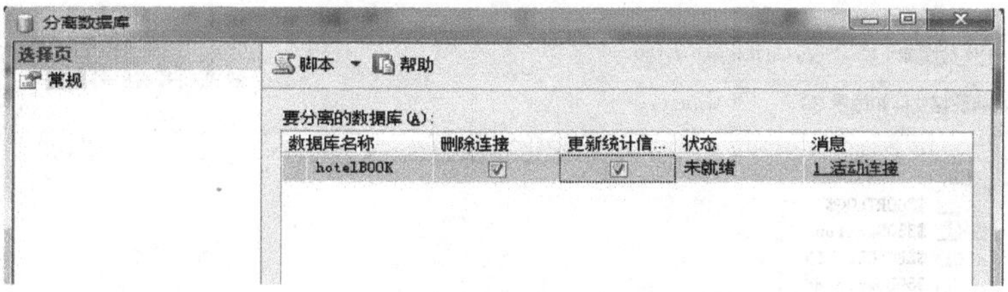

图 2-26　分离 hotelBook 数据库的常规选项

(2) 附加数据库。附加数据库的操作如下：

进入“对象资源管理器”，展开“服务器”，单击加号(+)展开“数据库”，右击“数据库”，在出现的菜单中选择“附加”命令，如图 2-27 所示。然后就可以在弹出的“附加数据库”对话框中，单击“添加”按钮，如图 2-28 所示，即可打开“定位数据库文件”对话框，选择要附加的主要数据库文件(如本例中的 d:\mydata\hotelBook.mdf)，如图 2-29 所示。单击“确定”按钮，就可将数据库 hotelBook 附加到 SQL Server 服务器上。数据库附加成功后，在“数据库”节点中将会出现“hotelBook”数据库节点。

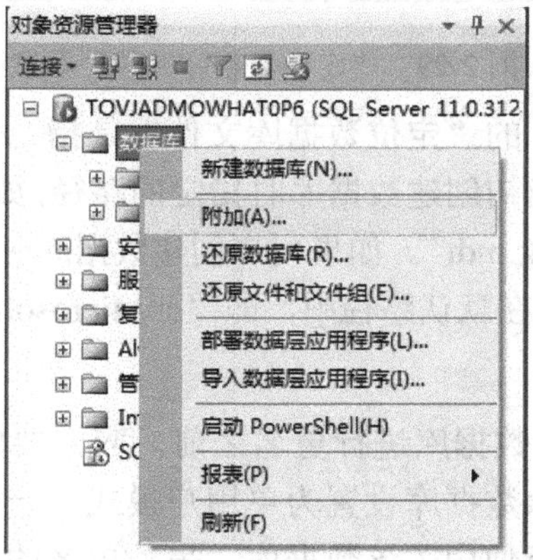

图 2-27　选择“附加”命令

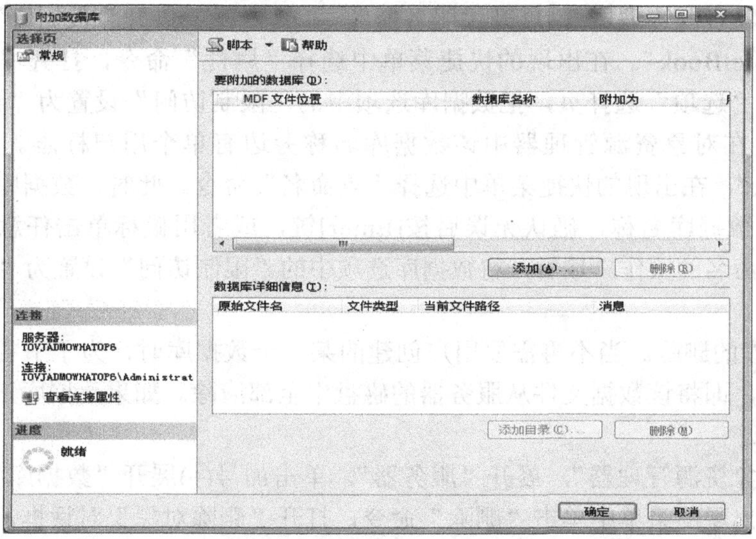

图 2-28　“附加数据库”设置

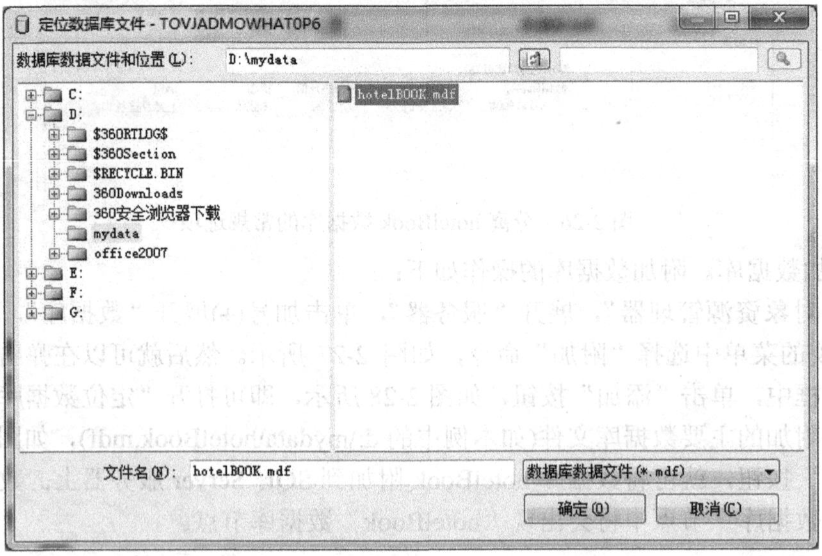

图 2-29　“定位数据库文件”设置

注意：附加时要“添加”的“定位数据库文件”是指主数据库文件的路径，而且这个主数据库文件的路径是用户当初创建数据库时指定的路径，如本例创建的 hotelBook 数据库的路径是“d:\mydata\hotelBook.mdf”。如果用户创建数据库时，使用的是默认路径，则“添加”的“定位数据库文件”也在默认路径中，即“c:\Microsoft\SQL Server\ MSSQL\DATA”。

4．数据库的更名与删除

(1) 数据库的更名。在对数据库进行更名之前，应该要确保没有别的数据库用户正在使用该数据库，而且应该将该数据库设置为单用户模式。一般情况下，不要更改数据库的名称，因为有些应用程序可能使用了该数据库。另外更名的新数据库名字必须遵循标识符的定义规则。

进入“对象资源管理器”，展开“服务器”，单击加号(+)展开“数据库”，右击要更名的数据库“hotelBook”。在出现的快捷菜单中选择“属性”命令，打开“数据库属性”对话框，选中“选项”选择页，把数据库选项中的“限制访问”设置为“single”模式。设置完毕后，在对象资源管理器中该数据库名称旁边有单个用户标志。然后右击数据库“hotelBook”，在出现的快捷菜单中选择“重命名”命令。此时，数据库名处于编辑状态，输入新的数据库名称，确认无误后按[Enter]键，或者用鼠标单击任意空白区域，完成对数据库重命名的操作。最后，将数据库选项中的“限制访问”设置为“Multipe”模式即可。

(2) 数据库的删除。当不再需要用户创建的某一个数据库时，为了节省空间，可对其进行删除操作，即将该数据文件从服务器的磁盘中全部清除。如果数据库正在被使用，则无法将它删除。

进入“对象资源管理器”，展开“服务器”，单击加号(+)展开“数据库”，右击要删除的数据库，在出现的菜单中单击“删除”命令，打开“删除对象”对话框，单击“确定”命令按钮即可完成数据库的删除操作。

5．数据库的联机与脱机

(1) 脱机 hotelBook 数据库，步骤如下：

进入“对象资源管理器”，展开“服务器”，单击加号(+)展开“数据库”，右击要脱机使用的数据库“hotelBook”，在出现的菜单中单击“任务->脱机”命令，如图 2-30 所示。如果“hotelBook”数据库脱机成功，则会出现图 2-31 所示的界面，然后单击“关闭”按钮即可完成该操作。脱机完成后的 hotelBook 数据库，在对象资源管理器中的图标会出现“脱机”标志，如图 2-32 所示。

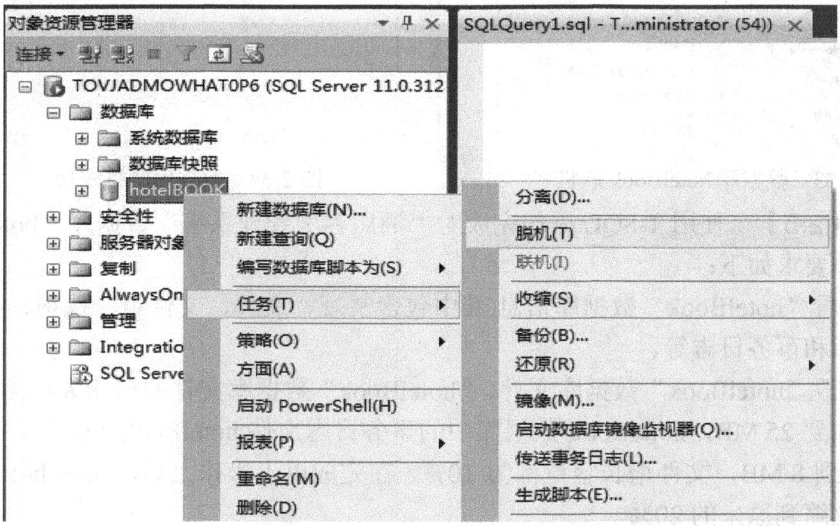

图 2-30　数据库 hotelBook 脱机

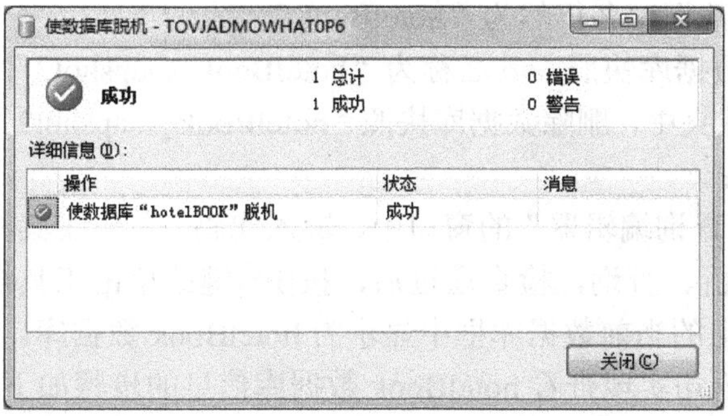

图 2-31　数据库脱机成功

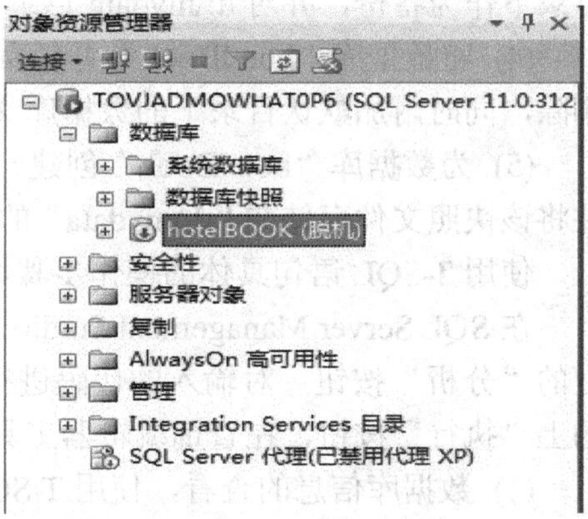

图 2-32　数据库脱机标志

(2) 复制脱机后的“hotelBook”数据库。

(3) 联机“hotelBook”数据库，步骤如下：

进入“对象资源管理器”，展开“服务器”，单击加号(+)展开“数据库”，右击要联机的数据库“hotelBook”，选择“任务->联机”命令，如图 2-33 所示，然后单击“关闭”按钮完成联机操作。如果“hotelBook”数据库联机成功，则会出现图 2-34 所示的界面，然后单击“关闭”按钮即可完成该操作，该数据库即可恢复为联机状态。

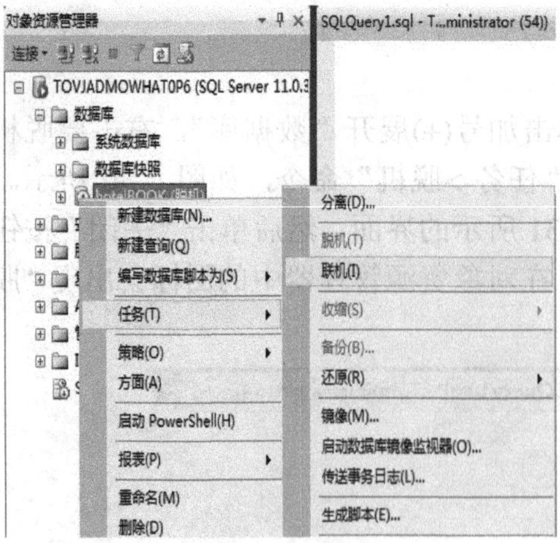

图 2-33　数据库 hotelBook 联机

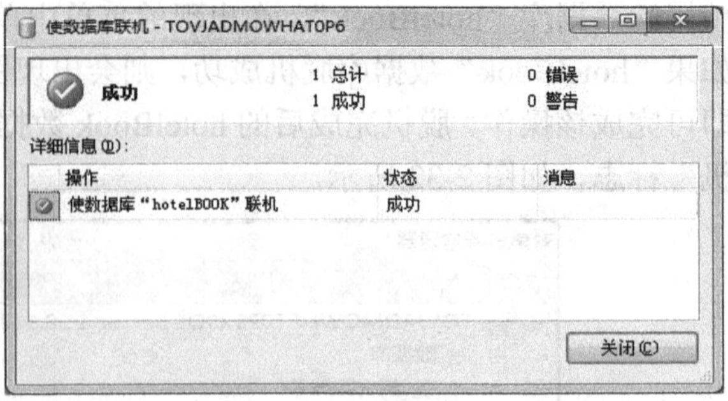

图 2-34　数据库联机成功

【示例 2-5】　使用 T-SQL 语句完成对“酒店客房管理系统”数据库“hotelBook”的管理。具体要求如下：

(1) 查看“hotelBook”数据库信息,其中包含常规、文件、文件组、选项、权限、扩展属性、镜像和事务日志等。

(2) 修改“hotelBook”数据库文件，“hotelBook”数据库文件的初始大小为 5 MB,现将其大小增加到 25 MB，hotelBook 数据库中的事务日志文件 hotelBook_log 的大小由原来的 5 MB 增加到 8 MB，文件增长容量都为 10%。在完成以上操作上后，实现 hotelBook 数据库的大小收缩到原来的 20%。

(3) 将数据库“hotelBook”进行分离,找到默认目录下的数据库文件并复制到 d:\mydata 目录下作为备份，并对 d:\mydata 目录下的数据库文件进行附加操作。

(4) 将数据库“hotelBook”更名为“newHotelBook”，然后将“newHotelBook”数据库删除，同时附加默认目录下的数据库文件,数据库名仍然为“hotelBook”。

(5) 为数据库“hotelBook”创建一个数据库快照，其名称为“hotelBook_snapshot2”，并将该快照文件存储在“d:\mydata”的文件夹中，删除数据库快照“hotelBook_snapshot2”。

使用 T-SQL 语句具体的操作步骤如下：

在 SQL Server Management Studio 的“查询编辑器”的窗口中，输入代码，单击工具栏上的“分析”按钮，对输入的代码进行分析、查询，检查通过后，按[F5]键或单击工具栏的上“执行”按钮，在查询编辑器工具栏上的当前数据库框中显示为 hotelBook 数据库。

(1) 数据库信息的查看，使用 T-SQL 语句实现查看 hotelBook 数据库信息的步骤如下：

① 在 SQL Server Management Studio 中，单击工具栏上的“新建查询”按钮，打开“查询编辑器”窗口，并在该窗口中输入如下代码：

```
/* 打开用户数据库 hotelBook*/
Use   hotelBook
GO
/* 查看 hotelBook 数据库信息*/
EXEC sp_helpdb hotelBook
Go
```

② 单击工具栏上的红色惊叹号(!)“执行”按钮，运行的结果如图 2-35 所示。

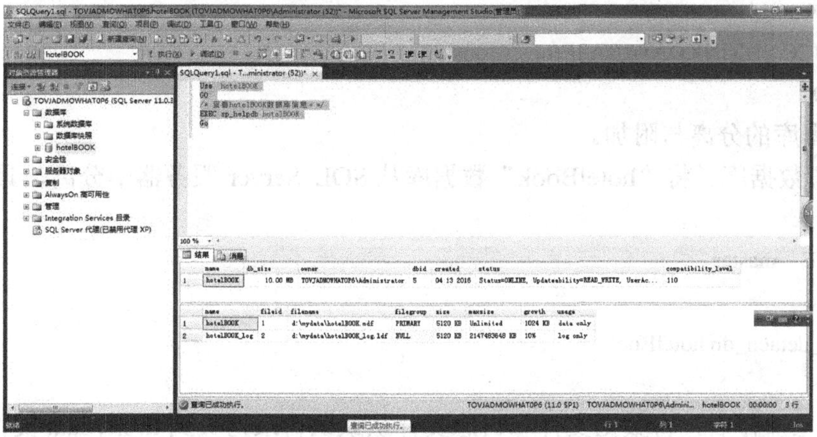

图 2-35　查看数据库的运行结果

(2) 数据库的增大与收缩。

① 数据库的增大。“hotelBook”数据库文件 hotelBook 的初始大小为 10 MB，现将其大小增加到 25 MB，具体的 T-SQL 语句如下：

```
USE hotelBook
GO
ALTER DATABASE hotelBook
 MODIFY FILE
(
  NAME= hotelBook,/*NAME 是指数据文件的逻辑名称*/
  SIZE=25MB
)
GO
```

将“hotelBook”数据库中的事务日志文件 hotelBook_log 的大小由原来的 5 MB 增加到 8 MB，参考的 T-SQL 语句如下：

```
USE   hotelBook
GO
ALTER DATABASE hotelBook
 MODIFY FILE
(
 NAME=hotelBook_log,
 SIZE=8MB
)
GO
```

② 数据库的收缩。将“hotelBook”数据库的大小收缩到原来的 20%，具体的 T-SQL 语句如下：

```
USE hotelBook
GO
DBCC SHRINKDATABASE(hotelBook,20)
GO
```

(3) 数据库的分离与附加。

① 分离数据库。将“hotelBook”数据库从 SQL Server 服务器中分离，具体的 T-SQL 语句如下：

```
USE  master
 Go
Sp_detach_db hotelBook
Go
```

完成以上操作后，将数据文件和日志文件从默认目录拷贝到 d:\mydata 文件夹下。

② 附加数据库。将 d:\mydata 文件夹下的数据库文件和日志文件附加到当前连接的 SQL Server 服务器上，具体的 T-SQL 语句如下：

```
USE master
GO
/*附加数据库 hotelBook,指定主数据文件的存储路径*/
sp_attach_db hotelBook, 'd:\mydata\hotelBook.mdf'
GO
```

(4) 数据库的删除与更名。

① 更改数据库名。将“hotelBook”数据库的名称更改为“newHotelBook”，参考的 T-SQL 语句如下：

```
USE hotelBook
GO
sp_renamedb hotelBook, newHotelBook
GO
```

② 删除数据库。删除“newHotelBook”数据库，参考的 T-SQL 语句如下：

```
USE  master
GO
DROP DATABASE newHotelBook
GO
```

完成以上操作后，将默认目录下的数据库文件和日志文件附加到当前连接的 SQL Server 服务器上，以完成后续操作。

(5) 数据库快照的创建与删除。

① 创建快照。为数据库“hotelBook”创建一个数据库快照，其名称为“hotelBook_snapshot2”，并将该快照文件存储在“d:\mydata”文件夹中，其具体的 T-SQL 语句如下：

```
CREATE  DATABASE  hotelBook_snapshot2  ON
(
NAME=hotelBook_data,FILENAME='D:\mydata\hotelBook_snapshot2.sdf'
```

```
)
AS SNAPSHOT OF hotelBook
GO
```

② 删除数据库快照。删除数据库快照“hotelBook_snapshot2”，具体的 T-SQL 语句如下：

```
DROP DATABASE hotelBook_snapshot2
```

二、必备知识

(一) 数据库的联机和脱机

当数据库处于联机环境时，用户是不能复制数据库文件的，只有当数据库脱机处于离线状态时才能把数据库文件复制到其它的磁盘。当用户完成复制操作后，再通过数据库的联机操作把数据库恢复到联机状态。另外，当数据库处于脱机状态时，数据库是不可用的。

用户可以利用数据库的联机、脱机操作方便地进行数据库文件的复制，然后在其他地点继续工作。相对数据库分离和数据库附加操作而言，数据库的联机、脱机操作更方便、简单。比如，当新的数据库系统已正式投入使用，且允许短暂脱机。那么可在工作地点让复制数据库短暂脱机，然后复制数据库即可达到备份，复制完后再联机数据库。

(二) 数据库快照

1. 概念

数据库快照(Snapshot)就是在某一时刻对数据库进行一次“照相”，生成一个描述数据库中数据瞬时状态的静态文件，它是数据库所有数据的映像，是一个数据库的只读副本。一旦为某个数据库体建立快照，即使该数据库的数据还在进行更新，但是数据库快照中的数据是不变的。这样我们可以根据这个快照做报表，也可以在误删除数据的情况，让数据库恢复到建立快照的那个时刻的数据。

2. 数据库快照的原理

可以使用 T-SQL 中的创建数据库“CREATE DATABASE”语句生成一个数据库快照，在声明中有一个源数据库快照的附加说明。

当建立数据库快照时，其数据文件就是源数据库的数据文件。当源数据库的数据更新时，这些更新的数据文件会通过数据引擎从源数据库复制到快照数据库中。这样，可以确保快照数据库只反映被执行时数据的状态。

3. 数据库快照的作用

数据库快照的作用如下：

(1) 可以在数据库的快照上实现数据库的查询，这样可以释放源数据库上的资源。

(2) 维护历史数据，以生成报表。

(3) 可以更快地进行数据库的恢复操作，快照可用于快速恢复数据库的意外更改，只要通过对主数据库重新应用来自快照的页就能实现数据库的恢复。如果要使数据库快速地恢复到建立快照时的状态，使用数据库快照比备份还原要快得多。比如，用户可以每 24 小时创建 5 到 10 个滚动的快照。每创建一个新的快照，就删除最早的快照；也可以将数据库恢复到错误发生的前一时刻的快照；也可以利用快照中的信息，手动重新创建已删除的表或其它丢失的数据。

4. 数据库快照的要求

数据库快照有如下要求：

(1) 建立的数据库快照和其源数据库必须在同一个服务器实例上。

(2) 在创建数据库快照开始时，必须去掉所有未提交的事务，并对其进行回滚操作。

(3) 如果为源数据库更新的页强制创建快照时，当快照用完磁盘空间或者遇到某些错误，则该快照将成为可疑快照，必须将其删除。

(4) 禁止对系统数据库 model、master 和 tempdb 创建数据库快照。

(5) 数据库快照中的文件不能被删除。

(6) 数据库快照不能在 FAT32 文件系统和 RAW 分区中创建快照两个文件系统中创建。

(7) 不能对数据库快照进行备份、还原、附加和分离操作。

(8) 数据库快照不支持全文索引，不能从源数据库传播全文目录。

(三) 数据库管理常用的 T-SQL 语句和语法

1. 打开数据库

可以使用 T-SQL 语句打开数据库，其语法格式为：

```
USE database_name
```

其中：database_name 为用户要打开的数据库名称。

2. 存储过程 sp_helpdb

最常用的是使用系统存储过程 sp_helpdb 来显示有关数据库的信息，其语法格式为：

```
[EXE[CUTE]] sp_helpdb database_name
```

3. 增加数据库容量

增加数据库容量可以用 ALTER DATABASE 来实现，具体的语法格式如下：

```
ALTER DATABASE database_name
 MODIFY FILE
(
NAME=file_name,
SIZE=newsize
)
```

其中：database_name 为需要增加容量的数据库名称；file_name 为需要增加容量的数据文件；newsize 为需要增加容量的数据文件指定新的容量大小，该容量必须大于现有数据库的大小。

4. 收缩数据库容量

收缩数据库容量可以用 DBCC SHRINKDATABASE 来实现，其具体的语法格式如下：

```
DBCC SHRINKDATABASE(' database_name'[,target_percent]
[,{NOTRUNCATE|TRUNCATEONLY}])
```

其中，database_name 为需要收缩容量的数据库名称；target_percent 是指数据库收缩后的数据库文件中所需的剩余可用空间百分比；NOTRUNCATE 是指在数据库文件中保留所释放的文件空间。如果未指定，将所释放的文件空间释放给操作系统；TRUNCATEONLY 是指数据文件中任何未使用空间被释放给操作系统，并将文件收缩到最后分配的位置，从而无需移动任何数据即可减小文件。不会尝试将行重新定位到未分配的页。使用 TRUNCATEONLY 时，将忽略 target_percent。

5. 数据库分离

分离数据库可以用系统存储过程 sp_detach_db 来实现，但是只有 sysadmin 固定服务器的角色成员才能执行该操作，其具体的语法格式如下：

```
Sp_detach_db database_name
```

6. 数据库附加

附加数据库可以用系统存储过程 sp_attach_db 来实现，但是只有 sysadmin 固定服务器的角色成员才能执行该操作，其具体的语法格式如下：

```
Sp_attach_db database_name,'@filename=filename_list'
```

其中：@filename 是指要附加的数据库文件列表，一般是指主数据库文件的存储路径。

7. 数据库重命名

sp_renamedb 系统存储过程可以用来修改当前数据库的名称，它的语法格式如下：

```
sp_renamedb    oldname,newname
```

其中：oldname 为更改前的数据库名称；newname 为更改后的数据库名称。

8. 删除数据库

使用 DROP DATABASE 语句删除数据库的语法格式如下：

```
DROP DATABASE    database_name [,database_name...]
```

其中：database_name 是将要删除的数据库名称。

使用系统存储过程删除数据库的语法格式如下：

```
EXEC sp_dbremove database_name
```

其中：sp_dbremove 为系统存储过程；database_name 是将要删除的数据库名称。

9. 创建和删除快照

使用 CREATE DATABASE 语句可以创建数据库快照，这也是创建数据库快照唯一的方式。数据库快照只能在 Microsoft SQL Server 2012 Enterprise Edition 中可用。创建快照必须在源数据库的基础上创建，因此数据库快照在事务上与源数据库一致，一个数据库可以有多个数据库快照。

(1) 使用 T-SQL 语句创建数据库快照的语法格式如下：

```
CREATE    DATABASE    database_ snapshot_ name    ON
```

```
(
    NAME=logical_file_name,
    FILENAME='OS_file_name'
)[, …n]
AS SNAPSHOT OF source_database_name
```

其中：logical_file_name 为源数据库的每个数据库文件的逻辑名称。创建快照的语法与创建数据库的语法非常相似，但有两个主要的区别：

① AS SNAPSHOT OF source_database_name 语句，在服务器实例上指明要为哪个数据库创建快照；

② 在创建数据库快照时不需要事务日志文件。由于数据库快照是只读数据库，不会发生任何更新操作。

(2) 删除数据库快照，可以使用 DROP DATABASE 语句，其具体的语法格式为：

```
DROP DATABASE database_ snapshot_ name
```

其中：database_ snapshot_ name 为要删除的数据库快照。

三、实战演练

【演练 2-5】 按要求完成以下操作：

(1) 使用系统存储过程 sp_helpdb 来查看"newHotelBook"数据库的信息。

(2) 在 SQL 查询设计器的查询窗口中，使用 ALTER DATABASE 命令来增加主数据文件名为"newHotelBook_data"的容量，使其容量增至 12 MB。

(3) 将"newHotelBook"数据库从 SQL Server 服务器中分离。

(4) 使用 T-SQL 语句将(3)中分离的"newHotelBook"数据库(d:\sqldata)附加到当前连接的 SQL Server 服务器上。

(5) 使用系统存储过程删除"newHotelBook"数据库。

四、课后练习

1．使用系统存储过程________________查看数据库信息。

2．使用系统存储过程________________对现有的数据库更名。

3．数据库的容量(　　)。

A．只能指定固定的大小　　B．最小为 10 M

C．最大 100 M　　D．可以设置为自动增长

4．下面哪个子句可以用来在创建和修改数据库时，指定文件的增长容量(　　)。

A．MAXSIZE　　B．SIZE

C．FILENAME　　D．FILEGROWTH

5．删除数据库的语法为(　　)。

A．DROP DATABASE 数据库名　　B．DELETE DATABASE 数据库名

C．DROP 数据库名　　D．DELETE DATABASE 数据库名

项目三　创建和管理数据表

“酒店客房管理系统”是关系数据库的一个应用，创建和管理数据库表是其中一项重要的数据库管理操作。本项目基于前期的“酒店客房管理系统”数据库设计，使用 SQL Server 2012 实现其具体的创建和管理。本项目分为四个任务：

(1) 创建表。

(2) 管理表。

(3) 维护数据的完整性。

(4) 数据表的操作。

任务一　创　建　表

一、任务演示

【示例 3-1】　本任务根据前期的“酒店客房管理系统”的数据库设计，结合“酒店客房管理系统”的实际需要进行约束，使用 SQL Server Management Studio 创建“酒店客房管理系统”的数据库表。其中，以客房信息表的创建为例。

创建表一般要经过定义表结构、设置约束和添加数据三个步骤，其中设置约束可以在定义表结构时建立，也可以在定义完成后再建立。

(1) 定义表结构：给表的每一列取字段名，并确定每一列的数据类型、数据长度、列数据是否可以为空等。

(2) 设置约束：设置约束是为了限制该列输入值的取值范围，以保证输入数据的正确性和一致性。

(3) 添加数据：表结构建立完成后，就可以向表中输入数据了。

使用 SQL Server Management Studio 创建表是最快捷简单的方式，步骤如下：

(1) 点击“开始”菜单，选择“程序”->Microsoft SQL Server 2012->SQL Server Management Studio。启动 SQL Server Management Studio，登录服务器类型为“数据库引擎”，并使用 Windows 或 SQL Server 身份验证建立连接。

(2) 成功连接后，在“对象资源管理器”窗口中，依次展开“数据库”、“hotelBook”节点。右击“表”节点，选择“新建表”命令，打开“表设计器”窗口。

(3) 在“表设计器”窗口中，输入列名、数据类型及是否允许为空等信息，并设置该表的主键，如表 3-1 所示。

表 3-1　客房信息表

属性名称	数据类型	宽度	可否为空	备注
客房编号	nvarchar	16	否	主键
客房类型	int			
额定人数	int			
客房状态	nvarchar	16		
客房描述	nvarchar	100		
备　注	nvarchar	1000		

根据上述结构输入完毕后，设计好的表如图 3-1 所示。

图 3-1　客房信息表

【示例 3-2】　本任务根据前期的“酒店客房管理系统”的数据库设计，结合“酒店客房管理系统”的实际需要进行约束，使用 T-SQL 语句创建“酒店客房管理系统”的数据库表。其中，以客房信息备份表的创建为例。

表 3-2　客房信息备份表

属性名称	数据类型	宽度	可否为空	备注
客房编号	nvarchar	16	否	主键
客房类型	int			
额定人数	int			
客房状态	nvarchar	16		
客房描述	nvarchar	100		
备　注	nvarchar	1000		

使用 CREATE TABLE 语句创建“客房信息备份”表的 T-SQL 语句如下：

```
Use hotelBook
CREATE TABLE 客房信息备份表(
    客房编号 nvarchar(16) PRIMARY KEY,
    类型编号 int,
    额定人数 int,
    客房状态 nvarchar(16),
    客房描述 nvarchar(100),
    备注 nvarchar(1000)
)
```

在上述语句中，使用 PRIMARY KEY 指定了字段“客房编号”为主键，且不能为空。定义的各个列之间要用逗号“,”隔开。

二、必备知识

(一) SQL Server 2012 数据类型

数据类型是数据库对象的一个属性，SQL Server 提供了一系列系统定义的数据类型，也可让用户根据需要在系统数据类型的基础上创建用户自己定义的数据类型。

SQL Server 2012 中常用的数据类型如下：

1．二进制数据类型

二进制数据常用于存储图像等数据,它包括定长二进制数据类型 binary、变长二进制数据类型 varbinary 和 image 三种。

(1) binary[(n)]为存储空间固定的数据类型,存储空间大小为 n 字节，n 的取值为 1～8000。

(2) varbinary[(n/max)]为变长存储二进制数据的数据类型。n 的取值 1～8000；max 表示最大的存储大小为 $2^{31}-1$ 个字节。存储大小为所输入数据的实际长度再加 2。binary 数据比 varbinary 数据存取速度快，但是浪费存储空间，用户在创建表时，选择哪种数据类型可根据具体的使用情况来决定。如果列数据项的大小一致，则使用 binary；如果列数据项的大小差异相当大，则使用 varbinary；当列数据项大小超出 8000 字节时，应该使用 varbinary(max)。

(3) image 为长度可变的二进制数据类型，可以存储的最大长度为 $2^{31}-1$ 个字节。image 是将要被取消的数据类型，建议使用 varbinary(max)代替 image。

2．字符型数据类型

字符型数据用于存储汉字、英文字母、数字、标点和各种符号，输入时须用半角单引号括起来。字符型数据有定长字符串类型 char、变长字符串类型 varchar 和文本类型 text 等。

(1) char(n)为固定长度存储字符串的数据类型，存储空间大小为 n 个字节，n 的取值为 1～8000。

(2) varchar[(n/max)]为变长存储字符串数据类型，n 可以是一个介于 1 和 8000 之间的数值，max 表示最大的存储大小为 $2^{31}-1$ 个字节。存储大小为所输入数据的实际长度再加 2

个字节。对于 char 和 varchar，应该按以下提示选择使用：如果列数据项的长度一致，则使用 char；如果列数据项的长度差异相当大，则使用 varchar；如果列数据项长度相差很大，而且可能超出 8000 字节，应该使用 varchar(max)。

(3) Text 数据类型可以存储最大长度为 $2^{31}-1$ 个字节的字符数据。Text 是将要被取消的数据类型，建议使用 varchar(max)代替 text。

(4) Unicode 字符数据。Unicode 标准为全球商业领域中广泛使用的大部分字符定义了一个单一的编码方案。所有的计算机都采用单一的 Unicode 标准，Unicode 数据中的位模式一致翻译成字符。这确保同一个位模式在所有的计算机上总是转换成同一个字符。数据可以随意地从一个数据库或计算机传送到另一个数据库或计算机，而不用担心接收系统是否会错误地翻译模式。Unicode 字符数据有定长字符型 nchar、变长字符型 nvarchar 和文本类型 ntext 三种。

(5) nchar[(n)]用来存放固定长度为 n 的 Unicode 字符数据，n 的范围为 1～4000，存储大小为 2n 字节。

(6) nvarchar[(n/max)]用来存放长度可变的 n 个 Unicode 字符数据，n 是介于 1～4000 之间的数值。Max 表示最大存储大小为 $2^{31}-1$ 字节。存储大小是所输入字符的两倍再加 2 个字节。二者在选用上要注意：如果列数据项的长度相同，选择使用 nchar；如果列数据项的长度可能差异很大，选择使用 nvarchar。

(7) ntext 用来存储最大长度为 $2^{31}-1$ 个字节的 Unicode 字符数据。ntext 是将要被取消的数据类型，微软公司建议使用 nvarchar(max)代替 ntext。

3．日期时间型数据

日期时间型数据用于存储日期和时间类型的数据，日期时间型数据类型包括 datetime 和 smalldatetime 两种。

(1) datetime 数据可以存储从 1753 年 1 月 1 日到 9999 年 12 月 31 日的日期和时间数据，精确度为百分之三秒。

(2) smalldatetime 数据可以存储从 1900 年 1 月 1 日到 2079 年 12 月 31 日的日期和时间数据，精确度为分。

在输入日期时间数据时，允许指定的数字格式表示日期数据，如 02/25/96 表示 1996 年 2 月 25 日。当使用数据日期格式时，在字符串中可以使用斜杠(/)、连字符(-)或句点(.) 作为分隔符来指定日、月、年。例如，01/26/99、01.26.99、01-26-99 为 mdy 格式，26/01/99、26.1.99、26-01-99 为 dmy 格式等。当语言设置为英语时，默认的日期格式为 mdy 格式。也可以通过 SET DATEFORMAT 语句改变日期的格式。

4．数值数据类型

数值数据类型包含 bigint、int、smallint、tinyint、decimal、numeric、money、smallmoney 和 bit 等类型。

(1) 整数型数据。

- bigint：用于存储从 $-2^{63}-1$ 到 $2^{63}-1$ 之间的整数的数据类型，存储大小为 8 个字节。
- int：用于存储从 $-2^{31}-1$ 到 $2^{31}-1$ 之间的整数的数据类型，存储大小为 4 个字节。
- smallint：用于存储从 $-2^{15}-1$ 到 $2^{15}-1$ 之间的整数的数据类型，存储大小为 2 个字节。

- tinyint：用于存储从 0～255 之间的整数的数据类型，存储大小为 1 个字节。

(2) 精确数值型数据。

精确数值型数据用于存储带有小数点且小数点后位数确定的实数。主要包括 decimal 和 numeric 两种。

① decimal[(p[，s])]：其中 p 为最大精度，s 为有效值。

② numeric[(p[，s])]：

其中：p(精度)指定可以存储的十进制数的最大位数(不含小数点)，p 是从 1 到最大精度之间的值，最大精度为 38，默认精度为 18。s(小数位数)指定可以存储的小数的最大位数，小数位数必须是 0～p 之间的值，默认小数位数是 0。最大存储大小基于精度而变化。

5．货币数据类型

货币数据由十进制货币的数值数据组成，货币数据有 money 和 smallmoney 两种类型。

(1) money：货币数据值介于 $-2^{63}-1$ 与 $2^{63}-1$ 之间，精确到货币单位的万分之一，存储大小为 8 个字节。

(2) smallmoney：货币数据值介于 $-2^{31}-1$ 与 $+2^{31}-1$ 之间，精确到货币单位的万分之一，存储大小为 4 个字节。

输入货币数据时必须在货币数据前加$，输入负货币值时在$后面加一个减号(–)。

6．位数据类型

bit 类型数据用于存储整数，只能取值 1、0 或 NULL，常用于逻辑数据的存取。在位类型的字段中输入 0 和 1 外的任何值，系统都会作为 1 来处理。如果一个表中有 8 个以下的位类型数据字段，则系统会用一个字节存储这些字段，如果表中有 9 个以上 16 个以下位类型数据字段，则系统会用两个字节来存储这些字段。

7．近似数值类型

近似数值型数据用于存储浮点数，包括 float 和 real 两种类型。

(1) float(n)：存储 1.79E+308～1.79E+308 数值范围内的浮点数，其中 n 为精度，n 是从 1 到 53 的整数。

(2) real：存储从–3.40E+38～3.40E+38 之间的浮点数，存储大小为 4 个字节。

近似型数值数据在能确定所输出的数值精确度。

8．其他数据类型

除了以上的数据类型，SQL Server 2012 还提供了 cursor、sql-variant、table、timestamp、uniqueidentifier 和 xml 数据类型。

(二) T-SQL 语言的 CREATE TABLE 语句

除了使用设计器创建表外，还可以使用 T-SQL 语言中的 CREATE TABLE 语句创建表结构。使用 CREATE TABLE 创建表结构的语法格式如下：

```
CREATE TABLE table_name
(
    <column_definition> <table_constraint> [ ,...n ]
)
```

其中：table_name 为新建表的名称；column_definition 为新建表中的列的名称及数据类型；table_constraint 为表约束。

三、实战演练

【演练 3-1】 使用 SQL Server Management Studio 完成表 3-3 所示的数据库表的创建。

表 3-3 客户信息表

属性名称	数据类型	宽度	可否为空	备注
客户编号	int		否	主键
客户姓名	nvarchar	50		
性别	nvarchar	1		
证件类型	nvarchar	50		
证件号码	nvarchar	50		
联系电话	nvarchar	50		
工作单位	nvarchar	100		
备　注	nvarchar	1000		

【演练 3-2】 使用 T-SQL 语言的 CREATE TABLE 语句完成表 3-3 结构数据库表的创建，数据库表名称为客户信息备份表。

四、课后练习

1．定义表字段的数据类型 decimal(6,2)的含义是____________________。

2．在 SQL 中，建立表用的命令是(　　)。

A．CREATE SCHEMA　　B．CREATE TABLE

C．CREATE VIEW　　D．CREATE INDEX

3．若要存储出生年月数据，以下数据类型合适的是(　　)

A．VARCHAR　　B．INT

C．NVARCHAR　　D．DATETIME

4．VARCHAR 与 NVARCHAR 的区别是什么？

任务二　管　理　表

一、任务演示

【示例 3-3】 创建好“酒店客房管理系统”的数据库表后，由于系统应用的要求需要修改数据库表的结构，本任务即使用 SQL Server Management Studio 工具来管理酒店客房管理系统的数据库表。其中，以客房信息备份表为例，具体要求如下：

(1) 为客房信息表增加客房设备清单字段，数据类型是 nvarchar，长度为 50。

(2) 将客房信息表中客房设备清单的字段长度增加到 200 个字符。

(3) 将客房信息表中客房设备清单的字段删除。

(4) 将客房信息表删除。

使用表设计器修改表的操作步骤如下：

(1) 启动 SQL Server Management Studio，在“对象资源管理器”窗口中，展开“数据库”节点，选择相应的数据库，如“hotelBook”。

(2) 展开“数据库”节点，再展开“表”节点，右击要修改的表，在弹出的快捷菜单中选择“修改”命令，启动表设计器。

(3) 如前所述，在表设计器中修改各字段的定义，如字段名、字段类型、字段长度、是否为空等。

(4) 添加或删除字段。如果要增加一个字段，将光标移动到最后一个字段的下边，输入新的字段名即可。如果要在某一字段前插入一个新字段，右击该字段，在弹出的快捷菜单中选择“插入列”命令，如果要删除某列，右击该字段，在弹出的快捷菜单中选择“删除列”命令，如图 3-2 所示。

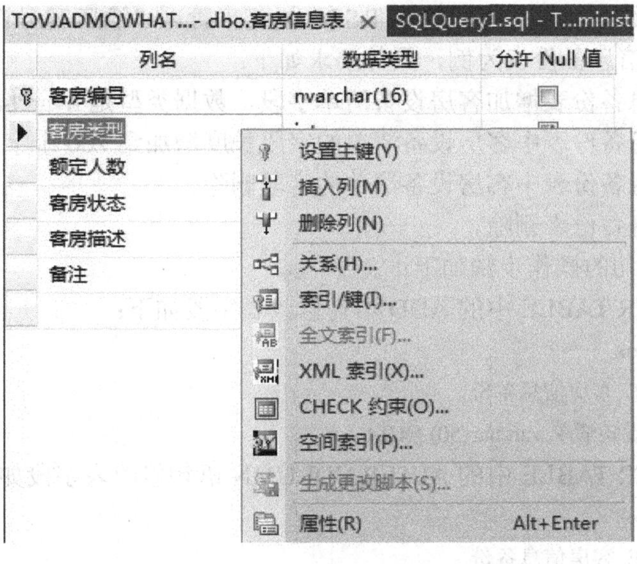

图 3-2　插入或删除列

(5) 删除表。删除表的结构如下：

① 启动 SQL Server Management Studio，在“对象资源管理器”窗口中，展开“数据库”节点，选择相应的数据库，如“hotelBook”。

② 展开“数据库”节点，再展开“表”节点，右击要删除的表，在弹出的快捷菜单中选择“删除”命令，弹出“删除对象”对话框，单击“确定”按钮即可删除表，如图 3-3 所示。

图 3-3　删除表

【示例 3-4】　创建好“酒店客房管理系统”的数据库表后，由于系统应用的要求需要修改数据库表的结构，本任务即使用 T-SQL 语句来管理“酒店客房管理系统”的数据库表。其中，以客房信息备份表为例，具体要求如下：

(1) 为客房信息备份表增加客房设备清单字段，数据类型是 nvarchar，长度为 50。

(2) 将客房信息备份表中客房设备清单的字段长度增加到 200 个字符。

(3) 将客房信息备份表中客房设备清单的字段删除。

(4) 将客房信息备份表删除。

使用 T-SQL 语句的操作步骤如下：

(1) 使用 ALTER TABLE 中的 ADD 语句修改表字段如下：

```
Use hotelBook
Alter TABLE 客房信息备份
ADD 客房设备清单 varchar(50) NULL
```

(2) 使用 ALTER TABLE 中的 ALTER COLUMN 语句修改表字段如下：

```
Use hotelBook
Alter TABLE 客房信息备份
Alter COLUMN 客房设备清单 varchar(200) NULL
```

(3) 使用 ALTER TABLE 中的 DROP COLUMN 语句删除表字段如下：

```
Use hotelBook
Alter TABLE 客房信息备份
DROP COLUMN 客房设备清单
```

(4) 使用 DROP TABLE 中的 DROP TABLE 语句删除表

```
DROP TABLE 客房信息备份
```

二、必备知识

(一) T-SQL 语言 ALTER TABLE 修改表结构语法

使用 ALTER TABLE 语句可以对表的结构和约束进行修改。ALTER TABLE 语句的语法格式如下：

```
ALTER TABLE table
    ALTER COLUMN column_name    new_data_type (precision , scale)
    | ADD    <column_definition > [ ,...n ]
    | DROP COLUMN column [ ,...n ]
```

其中：ALTER COLUMN 为修改表列属性的子句；ADD 为增加列或约束的字句；DROP COLUMN 为删除表列的子句。

(二) T-SQL 语言 DROP TABLE 删除表语句语法

可以通过执行 T-SQL 语言删除数据库中的表，语法格式如下：

```
DROP TABLE tablename[,tablename....]
```

三、实战演练

【演练 3-3】 根据要求使用 SQL Server Management Studio 完成对表 3-4 数据库表的修改。

表 3-4 客户信息表

属性名称	数据类型	宽度	可否为空	备注
客户编号	int		否	主键
客户姓名	nvarchar	50		
性别	nvarchar	1		
证件类型	nvarchar	50		
证件号码	nvarchar	50		
联系电话	nvarchar	50		
工作单位	nvarchar	100		
备注	nvarchar	1000		

要求如下：

(1) 为客户信息备份表增加备注字段，数据类型是 nvarchar，长度为 50。

(2) 将客户信息备份表增加备注字段长度增加到 200 个字符。

(3) 将客户信息备份表中备注字段删除。

(4) 将客户信息备份表删除。

【演练 3-4】 根据[演练 3-3]的要求使用 T-SQL 语句完成对以上数据库表的修改。

四、课后练习

1. 要修改表名为 Table1 的字段 Field1 长度，原为 Char(10)要求用 SQL 增加长度为 char(20)，以下语句那个正确(　　)。

A. Alter table Table1 Alter Field1 char(20)

B. Alter Table1 Alter column Field1 char(20)

C. Alter table Table1 Alter column Field1 char(20)

D. Alter column Field1 char(20)

2. 要修改已经创建好的 Table1 的字段名称 Field1 为新字段名称 Field2，使用以下哪条指令(　　)。

A. exec sp_rename 'table1.Field1', 'Field2'

B. exec Xp_rename 'Field2', 'Field1', 'Column'

C. exec Xp_rename 'table1.Field1', 'Field2'

D. exec sp_rename 'table1.Field1', 'Field2', 'column'

任务三　维护数据的完整性

一、任务演示

【示例 3-5】 为满足“酒店客房管理系统”实际应用过程中对数据的要求和限制，需要对“酒店客房管理系统”的数据库表中的某些字段设置约束，以达到防止非法数据的输入。其中，设置约束(为了限制该列输入值的取值范围，以保证输入数据的正确性和一致性)可以在定义表结构时建立，也可以在定义完成后再建立。本任务即使用 SQL Server Management Studio 工具来实现增加“酒店客房管理系统”中某些数据库表的字段约束。其中，以客户信息表和入住表为例，具体要求如下：

(1) 为客户信息表中的客户编号设置主键约束。

(2) 为客户信息表中的证件类型设置默认约束,默认值为“身份证”。

(3) 为客户信息表中的证件号码设置唯一约束。

(4) 为客户信息表中的姓名字段设置索引。

(5) 为客户信息表中的性别设置核查约束。

(6) 为入住表中客户的编号设置外键约束。

具体步骤如下：

(1) 启动 SQL Server Management Studio，在“对象资源管理器”窗口中，展开“数据库”节点，选择相应的数据库，如“hotelBook”。

(2) 展开“数据库”节点，再展开“表”节点，右击客户表，在弹出的快捷菜单中选择“修改”命令，弹出“dbo.客户表”对话框。

(3) 选择“客户编号”字段右击，弹出菜单，选定“设置主键”命令，如图 3-4 所示。如果是组合主键，则需要按住[CTRL]键然后选择多个字段进行设置。

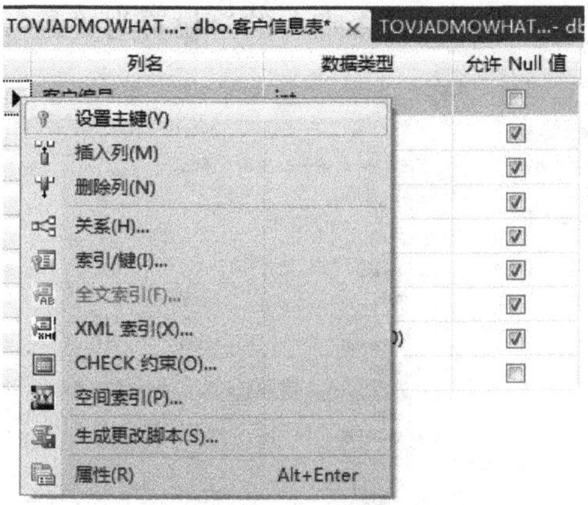

图 3-4　设置主键约束

(4) 选择“证件类型”字段，在列属性的“默认值或绑定”中设置“身份证”为默认值，如图 3-5 所示。

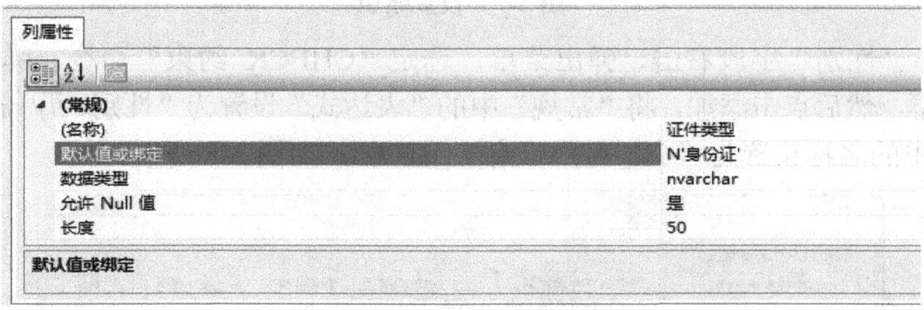

图 3-5　设置默认约束

(5) 选择“证件号码”字段右击，弹出菜单，选定“索引/键”命令，弹出“索引/键”对话框，然后点击添加，将“常规”中的“类型”设置为“唯一键”，将“标识”中的名称设置为“UK_客户信息表_证件号码”，如图 3-6 所示。

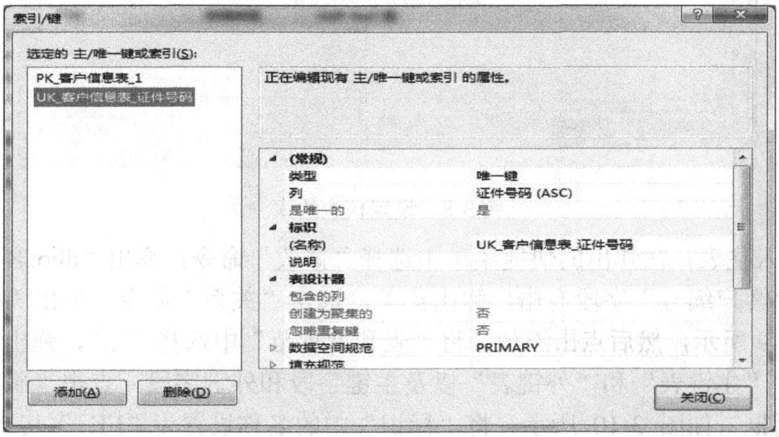

图 3-6　设置唯一约束

(6) 选择“姓名”字段右击，弹出菜单，选定“索引/键”命令，弹出“索引/键”对话框，然后点击添加，将“标识”中的名称设置为“IX_客户信息表_客户姓名”。如果要设置唯一索引，则需要将“常规”中的“是否唯一的”设置为“是”，如图 3-7 所示。

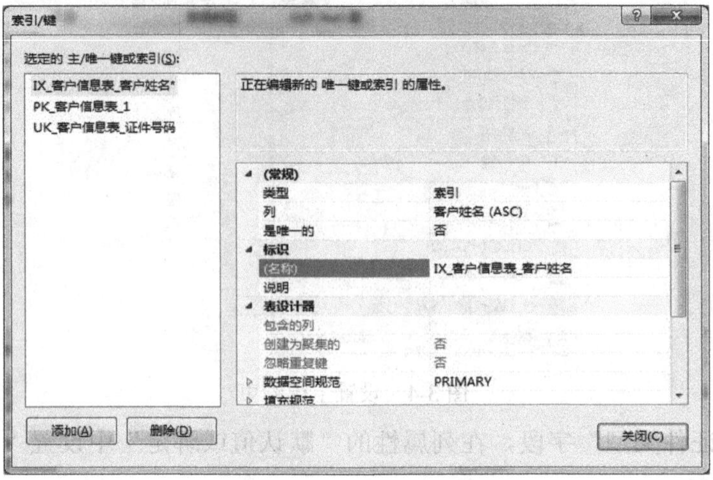

图 3-7　设置索引

(7) 选择“性别”字段右击，弹出菜单，选定“CHECK 约束”命令，弹出“CHECK 约束”对话框，然后点击添加，将“常规”中的“表达式”设置为“性别='男' or 性别='女'”，将“标识”中的名称设置为“CK_客户信息表_性别”，如图 3-8 所示。

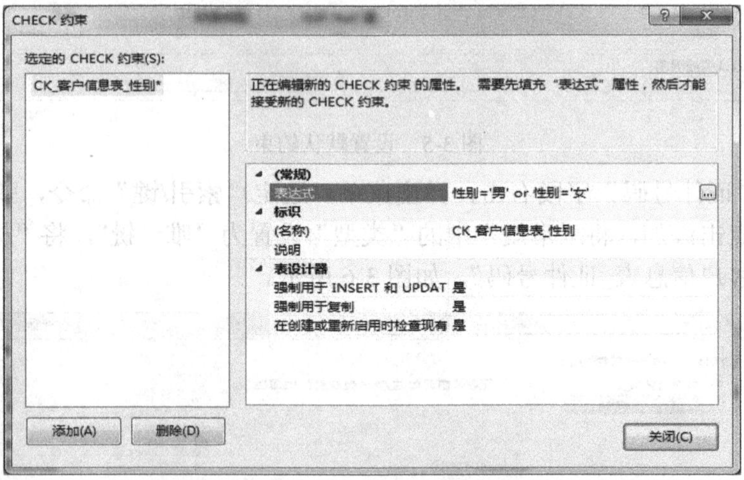

图 3-8　设置核查约束

(8) 右击入住表，在弹出的快捷菜单中选择“修改”命令，弹出“dbo.客房入住表”对话框。选择“客户编号”字段右击，弹出菜单，选定“关系”命令，弹出“外键关系”对话框，如图 3-9 所示，然后点击添加，将“表和列规范”中选择“...”，弹出“表和列”对话框，设置好“主键表”和“外键表”以及主键字段和外键字段，点击“确定”回到“外键关系”对话框，如图 3-10 所示。将“标识”中的名称设置为“FK_客房入住表_客户信息表”。

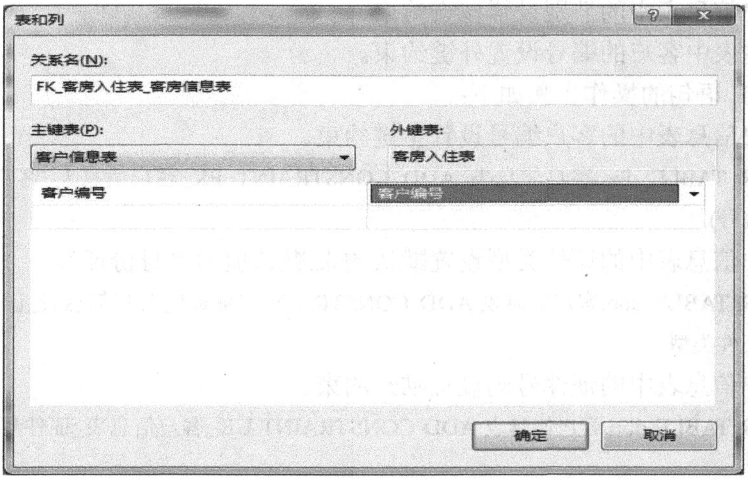

图 3-9 外键约束设置关联字段

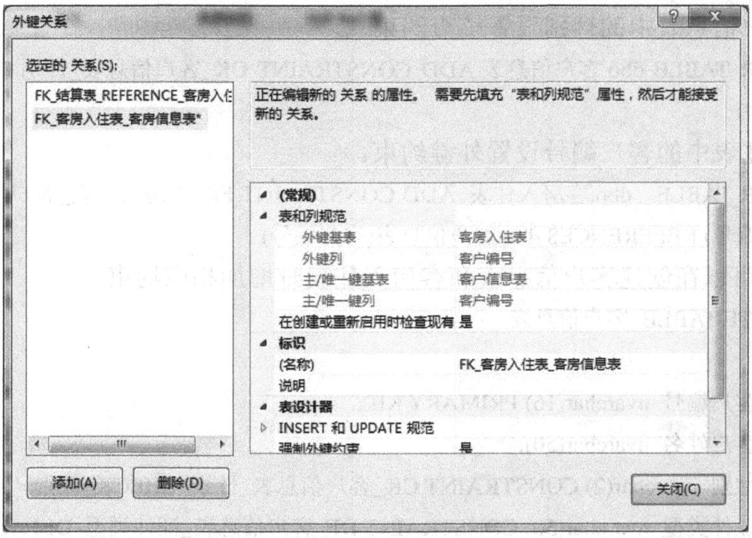

图 3-10 设置外键约束

【示例 3-6】 为满足“酒店客房管理系统”实际应用过程中对数据的要求和限制，需要对“酒店客房管理系统”的数据库表中某些字段设置约束，以达到防止非法数据的输入。其中，设置约束(为了限制该列输入值的取值范围，以保证输入数据的正确性和一致性)可以在定义表结构时建立，也可以在定义完成后再建立。本任务即使用 T-SQL 语言来实现增加“酒店客房管理系统”中某些数据库表的字段约束。其中，以客户信息表和入住表为例，具体要求如下：

(1) 为客户信息表中的客户编号设置主键约束。

(2) 为客户信息表中的证件类型设置默认约束,默认值为“身份证”。

(3) 为客户信息表中的证件号码设置唯一约束。

(4) 为客户信息表中的姓名字段设置索引。

(5) 为客户信息表中的性别设置核查约束。

(6) 为入住表中客户的编号设置外键约束。

使用 T-SQL 语句的操作步骤如下：

(1) 为客户信息表中的客户编号设置主键约束。

```
ALTER TABLE dbo.客户信息表 ADD CONSTRAINT PK_客户信息表_客户编号 PRIMARY KEY(客户编号)
```

(2) 为客户信息表中的证件类型设置默认约束,默认值为“身份证”。

```
ALTER TABLE dbo.客户信息表 ADD CONSTRAINT Default_客户信息表_证件类型 default('身份证') for 证件类型
```

(3) 为客户信息表中的证件号码设置唯一约束。

```
ALTER TABLE dbo.客户信息表 ADD CONSTRAINT UK_客户信息表_证件号码 UNIQUE(证件号码)
```

(4) 为客户信息表中的姓名字段设置索引。

```
CREATE INDEX IX_Name ON dbo.客户信息表(姓名)
```

(5) 为客户信息表中的性别设置核查约束。

```
ALTER TABLE dbo.客户信息表 ADD CONSTRAINT CK_客户信息表_性别 CHECK (性别='男' or 性别='女')
```

(6) 为入住表中的客户编号设置外键约束。

```
ALTER TABLE  dbo.客房入住表 ADD CONSTRAINT FK_客房入住表_客户信息表 FOREIGN KEY (客户编号) REFERENCES dbo.客户信息表(客户编号)
```

此外，还可以在创建客户信息表和客房入住表时增加相应约束。

```
CREATE TABLE 客户信息表
(
    客户编号 nvarchar(16) PRIMARY KEY,
    客户姓名 nvarchar(50),
    性别 nvarchar(2) CONSTRAINT CK_客户信息表_性别 CHECK (性别='男'or 性别='女'),
    证件类型 nvarchar(50) CONSTRAINT DF_客户信息表_证件类型 DEFAULT ('身份证'),
    证件号码 nvarchar(50) CONSTRAINT UK_客户信息表_证件号码 UNIQUE,
    联系电话 nvarchar(50),
    工作单位 nvarchar(50),
    备注 nvarchar(1000)
)
CREATE TABLE 客房入住表
(
    入住单号 nvarchar(40)   PRIMARY KEY,
    入住房号 nvarchar(16),
    客户编号 nvarchar(50) CONSTRAINT FK_客房入住表_客户信息表 FOREIGN KEY (客户编号) REFERENCES 客户信息表(客户编号)
)
```

二、必备知识

(一) 数据库完整性

数据库完整性由完整性规则来定义，关系模型的完整性规则是对关系的某种约束。在关系模型中，数据的约束条件通过三类完整性约束条件来描述，它们是实体完整性、参照完整性和用于定义的完整性。为了维护数据库中的数据完整性，在对关系数据库执行插入、删除和修改等操作时，必须遵守以下四类完整性规则：

(1) 实体完整性规则。要求关系中的元组在组成主键的属性不能为空。例如，客房信息表中的客房编号不能为空。

(2) 域完整性规则。要求表中列的数据必须具有正确的数据类型、格式和有效的数据范围。例如，客房额定人数数值不能小于0。

(3) 参考完整性规则。要求引用不存在的元组。例如，客房入住表中的客房编号必须是存在的客房编号。

(4) 用户定义的完整性规则。用户自定义的完整性规则是应用领域需要满足的约束条件，体现了具体应用领域的语义约束。

(二) SQL Server 2012 中的约束

约束(constraint)是 SQL Server 提供的自动保持数据库完整性的一种方法，它通过限制字段中数据、记录中数据和表之间的数据来保证数据的完整性。在 SQL Server 中，对于基本表的约束分为列约束和表约束。列约束是对某一个特定列的约束，包含在列定义中，直接跟在该列的其他定义后，用空格分隔，不必指定列名；表约束与列定义相互独立，不包括在列定义中，通常用于对多个列一起进行约束，与列定义用','分隔，定义表约束时必须指出要约束的哪些列的名称。

在 SQL Server 2012 中的主要约束包括：

1．主键约束(primary key constraint)

PRIMARY KEY 约束用于定义基本表的主键，它是唯一确定表中每一条记录的标识符，其值不能为 NULL，也不能重复，以此来保证实体的完整性。PRIMARY KEY 与 UNIQUE 约束类似，通过建立唯一索引来保证基本表在主键列取值的唯一性，但它们之间存在很大的区别：

(1) 在一个基本表中只能定义一个 PRIMARY KEY 约束，但可定义多个 UNIQUE 约束；

(2) 对于指定为 PRIMARY KEY 的一个列或多个列的组合，其中任何一个列都不能出现空值，而对于 UNIQUE 所约束的唯一键允许为空。

注意：不能为同一个列或一组列既定义 UNIQUE 约束，又定义 PRIMARY KEY 约束。PRIMARY KEY 既可用于列约束，也可用于表约束。

使用 T-SQL 语句设置主键约束的语法形式如下：

(1) CREATE TABEL 语句中增加主键约束。

CONSTRAINT 约束名 PRIMARY KEY [CLUSTERED|NONCLUSTERED](主键字段)

(2) ALTER TABLE 语句中增加主键约束。

ALTER TABLE 表名 ADD CONSTRAINT 约束名 PRIMARY KEY (主键字段)

2. 唯一性约束(unique constraint)

(1) CREATE TABEL 语句中增加唯一约束。

CONSTRAINT 约束名 UNIQUE [CLUSTERED|NONCLUSTERED](字段)

(2) ALTER TABLE 语句中增加唯一约束。

ALTER TABLE 表名 ADD CONSTRAINT 约束名 UNIQUE (字段)

3. 检查约束(check constraint)

检查约束对输入列或者整个表中的值设置检查条件，以限制输入值，保证数据库数据的完整性。

(1) CREATE TABEL 语句中增加检查约束。

CONSTRAINT 约束名 CHECK (逻辑表达式)

(2) ALTER TABLE 语句中增加检查约束。

ALTER TABLE 表名 ADD CONSTRAINT 约束名 CHECK (逻辑表达式)

4. 默认约束(default constraint)

默认约束指定在插入操作中如果没有提供输入值时，则系统自动指定值。默认约束可以包括常量、函数、不带变元的内建函数或者空值。

(1) CREATE TABEL 语句中增加默认约束。

CONSTRAINT 约束名 DEFAULT (默认内容) FOR 字段

(2) ALTER TABLE 语句中增加默认约束。

ALTER TABLE 表名 ADD CONSTRAINT 约束名 DEFAULT (默认内容) FOR 字段

5. 外键约束(foreign key constraint)

外键(FOREIGN KEY)是用于建立和加强两个表数据之间的链接的一列或多列。外键约束用于强制参照完整性。其中，主表是被参考的数据库表，从表是参考的数据库表，两表通过关联字段实现外键约束，当使用外键约束时，应该考虑以下几个因素：

(1) 外部键从句中的字段数目和每个字段指定的数据类型都必须和 REFERENCES 从句中的字段相匹配。

(2) 参考同一表中的字段时，必须只使用 REFERENCES 子句，不能使用外键子句。

(3) 主键和外键的数据类型必须严格匹配。

使用 T-SQL 语句设置外键约束，其语法形式如下：

(1) CREATE TABEL 语句中增加外键约束。

CONSTRAINT 约束名 FOREIGN KEY (关联字段) REFERENCES 主表(关联字段) REFERENCES 主表(关联字段)

(2) ALTER TABLE 语句中增加外键约束。

ALTER TABLE 从表 ADD CONSTRAINT 约束名 FOREIGN KEY (关联字段) REFERENCES 主表(关联字段)

6. 空值(NULL)约束

空值(NULL)约束用来控制是否允许该字段的值为 NULL。NULL 值不是 0，也不是空白，更不是填入字符串的“NULL”字符串，而是表示“不知道”、“不确定”或“没有数据”的意思。当某一字段的值一定要输入才有意义的时候，则可以设置为NOT NULL。例如，主键列就不允许出现空值，否则就失去了唯一标识一条记录的作用。空值(NULL)约束只能用于定义列约束。

CREATE TABEL 语句中增加空值约束：

CONSTRAINT 约束名 NULL|NOT NULL

最后可以通过以下语句删除约束：

ALTER TABLE 表名 DROP CONSTRAINT 约束名

(三) SQL Server 2012 中的索引

1. 索引概念

索引是加快检索表中数据的方法。建立索引的主要目的是提高SQL Server系统的性能，加快数据查询的速度和减少系统的响应时间。

2. 索引的类型

(1) 聚集索引。聚集索引会对表中的物理数据页中的数据按列进行排序，然后再重新存储到磁盘上。换句话说，如果在一个表中建立了聚集索引，表中的数据页会按照该索引的顺序来存放，即聚集索引中索引存储的值的顺序和表中数据记录的物理存储顺序完全一致。当在数据表中的某些列上建立聚集索引时，系统将对表中的数据按列进行排序，表中数据记录的物理位置发生了移动(这一点是与非聚集索引的关键区别)，然后再重新存储到磁盘上。

(2) 非聚集索引。非聚集索引中仅仅包含索引值和指向数据存储位置的指针。查询数据时，对非聚集索引进行搜索，找到数据在表中的存储位置，然后根据得到的数据位置信息，到磁盘上的该位置处读取数据。非聚集索引是B树结构，它的叶节点包含数据行，每个索引行包含非聚集索引键值以及一个或多个行定位器，这些行定位器指向有该键值的数据行(如果索引不唯一，可能指向多行)。

(3) 非聚集索引唯一索引。唯一索引是指索引值必须是唯一的，不允许数据表中具有两行相同的索引值。例如，在“客房类型”信息表中的“类型名称”列上创建了唯一索引，则以后用户输入的类型名称将不能相同。在数据表中创建主键约束PRIMARY KEY或唯一性约束UNIQUE，SQL Server 2012就会默认建立一个唯一索引。

3. T-SQL 创建索引语句语法

创建索引可使用CREATE INDEX语句来实现，CREATE INDEX语句的语法格式如下：

CREATE [UNIQUE] [CLUSTERED | NONCLUSTERED] INDEX 索引名 ON {表名| 视图名}(列名 [ASC | DESC][，…n])

语法格式中各参数的说明如下：

① UNIQUE：唯一索引。视图上的聚集索引必须是UNIQUE索引。

② CLUSTERED：聚集索引。如果没有指定CLUSTERED，则创建非聚集索引。如果表没有聚集索引，行定位器就是行的磁盘地址。如果表有聚集索引，行定位器就是该行的聚集索引键。

③ NONCLUSTERED：非聚集索引，行的物理排序独立于索引排序。对于非聚集索引，其叶级包含索引行，每个索引行均包含非聚集键值和一个或多个行定位器(指向包含该值的行)。

④ 索引名：索引名在数据表或视图中必须唯一，但在数据库中不必唯一。

⑤ 表名|视图名：要创建索引的数据表或视图，可以选择指定数据库和表所有者。

⑥ 列名：索引的键列，指定一个或多个列名，可为指定列的组合值创建组合索引。在表名后的圆括号中列出组合索引中要包括的列(按排序优先级排列)。

⑦ ASC | DESC：用来指定索引列的排序方式，ASC 是升序，DESC 是降序。

三、实战演练

【演练 3-5】 根据以下要求使用 SQL Server Management Studio 工具完成如下操作，客房信息表如表 3-4 所示。

表 3-4　客房信息表

属性名称	数据类型	宽度	可否为空	备注
客房编号	nvarchar	16	否	
客房类型	int			
额定人数	int			
客房状态	nvarchar	16		
客房描述	nvarchar	100		
备　注	nvarchar	1000		

(1) 给客房信息表的客房编号设置主键约束。

(2) 给客房信息表的额定人数设置核查约束，范围是 1～3 人。

(3) 给客房信息表的类型编号设置外键约束，客房信息表的类型编号关联到到客房类型表中的类型编号。

【演练 3-6】 根据[演练 3-5]要求使用 T-SQL 语句完成为数据库表增加各类约束。

四、课后练习

1. 完整性约束包括______完整性、______完整性、参照完整性和用户定义完整性。

2. ____________用于保证数据库中数据表的某一个列的值是唯一的。

3. 如果在一个关系中，存在某个属性(或属性组)，虽然不是该关系的主码或只是主码的一部分，但却是另一个关系的主码时，称该属性(或属性组)为这个关系的(　　)。

A. 候选码　　B. 主码　　C. 外码　　D. 连接码

4. 实体完整性要求属性不能取空值，这一点通常通过(　　)。

A. 定义外键来保证　　B. 定义主键来保证

C. 用户定义完整性来保证　　D. 关系系统自动保证

5．如何在已经创建好的表上添加一个外键(　　)。

A．Alter table 表名 add foreign key(键名)reference 关联表(关联键名)

B．Alter table 表名 add Primary key(键名)reference 关联表(关联键名)

C．Alter 表名 add foreign key(键名)reference (关联键名)

D．Alter 表名 add Primary key(键名)reference 关联表(关联键名)

6．实体完整性有哪几种？每一种完整性的意义是什么？

任务四　数据表的操作

一、任务演示

【示例 3-7】 当“酒店客房管理系统”的数据表创建后，需要为“酒店客房管理系统”增加、修改删除数据。本任务即使用 SQL Server Management Studio 来实现对“酒店客房管理系统”的数据表的操作，其中以客房信息表的操作为例，具体要求如下：

(1) 为客房信息表增加记录。

(2) 逐条更新客房信息表记录。

(3) 删除选定客房信息的相关记录。

具体操作如下：

① 启动 SQL Server Management Studio，在“对象资源管理器”窗口中，展开“数据库”节点，选择相应的数据库，如“hotelBook”。

② 展开“数据库”节点，再展开“表”节点，右击“客房信息表”，在弹出的快捷菜单中选择“打开表”命令，弹出“dbo.客房信息表”对话框，根据需要进行相关记录的增加、修改和删除，如图 3-11 所示。

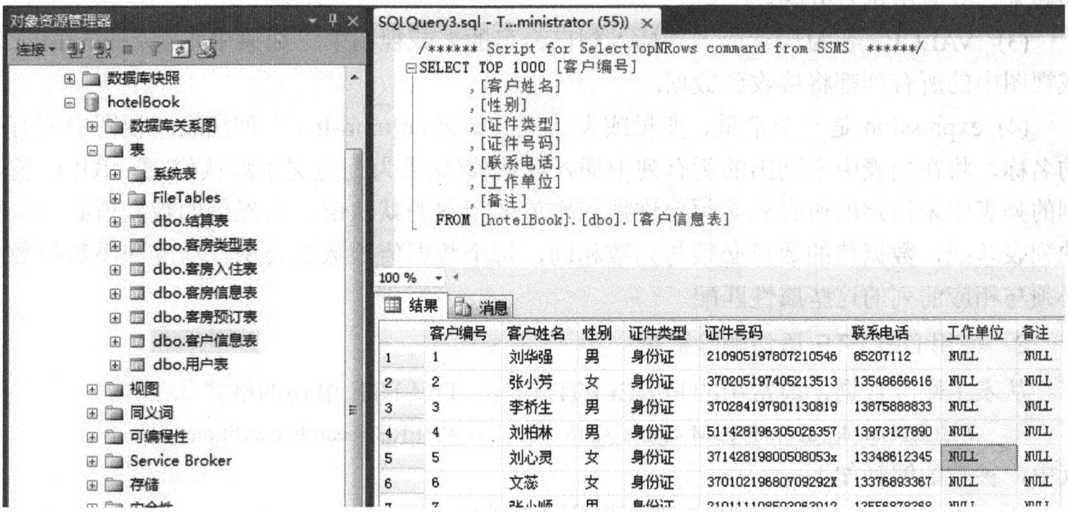

图 3-11　数据库表操作

【示例 3-8】 当“酒店客房管理系统”的数据表创建后，需要为“酒店客房管理系统”增加、修改删除数据。本任务即使用 T-SQL 来实现对“酒店客房管理系统”的数据表的操作，其中以客房信息表的操作为例，具体要求如下：

(1) 为客房信息表增加记录。

(2) 按条件更新客房信息的相关记录。

(3) 按条件删除客房信息的相关记录。

使用 T-SQL 语句的操作如下：

(1) 使用 INSERT 语句往客房信息表中插入数据。

```
INSERT INTO 客房信息表(客房编号, 客房类型, 额定人数, 客房状态 , 客房描述, 备注)
VALUES(101,'1', '1', '入住', '一张单人床带一个卫生间', '')
```

(2) 使用 DELETE 语句删除数据表中的数据。

```
DELETE 客房信息 WHERE 客房编号='310'
```

(3) 使用 UPDATE 语句修改数据表中的数据。

```
UPDATE 客房信息表 SET 额定人数=2 WHERE 类型编号=1
```

二、必备知识

1. 使用 INSERT 语句插入数据

使用 INSERT 语句可向表中添加一个或多个新行，INSERT 语句在简单的情况下有如下形式：

```
INSERT table-or-view(columu-list) VALUES({expression}[,…,n])
```

其中，参数的解释如下：

(1) table_name 是将要接收数据的表或 table 变量的名称。

(2) column_list 是要在其中插入数据的一列或多列的列表，必须用圆括号将 column_list 括起来，并且用逗号分隔。

(3) VALUES 作为一行或多行插入到已命名的表或视图中。如果未指定 column-list,表或视图中的所有列都将接收到数据.

(4) expression 是一个常量、变量或表达式。如果 column-list 未列出表或视图中所有列的名称，将在列表中未列出的所有列中插入默认值(如果为列定义了默认值)或 NULL 值。列的列表中未指定的所有列必须允许插入空值或指定的默认值。所提供的数据值必须与列的列表匹配，数据值的数目必须与列数相同，每个数据值的数据类型，精度和小数位数也必须与相应的列的这些属性匹配。

2. 使用 DELETE 语句删除数据

从表中删除数据，最常用的是 DELETE 语句，DELETE 语句的格式如下：

```
DELETE table_name FROM <table_source>[,…,n] WHERE <search_condition>
```

其中，参数的解释如下：

(1) table_name：指定要从中删除表或行的视图。

(2) FROM 子句：指定可由 WHERE 字句搜索条件中的谓词使用的其他表或视图及连接条件，以限定要从 table_or_view 中删除的行。不会从 FROM 字句指定的表中删除行，只从 table_or_view 指定的表中删除行。

(3) WHERE：table_name 中所有符合 WHERE 搜索条件的行都将被删除。如果没有指定 WHERE 字句，将删除 table_or_view 中的所有行。

任何已删除所有行的表仍会保留在数据库中。DELETE 语句只从表中删除行，要从数据库中删除表，可以使用 DROP TABLE 语句。

3. 使用 UPDATE 语句更新数据

使用 UPDATE 更新数据的语法格式如下：

```
UPDATE  table_or_view_name FROM <table_source>[,….n]]  SET  column-name = expression
[ , … .n]
    WHERE  <search-condition>
```

其中，参数的解释如下：

(1) table_or_view_name：要更新行的表或视图的名称。

(2) FROM <table_source>[,….n]]：根据多表的条件来更新数据。

(3) SET：指定要更新的列或变量名称的列表。

(4) column-name：包含要更改的数据的列。column-name 必须已存在于 table_or_view_name 中，不能更新标识列。

(5) expression：返回单个值的变量、文字值、表达式或嵌套 select 语句。expression 返回的值替换 column_name 或@variable 中的现有值。

三、实战演练

【演练 3-7】 根据以下要求使用 T-SQL 语句完成对客户信息表(见表 3-5)的操作。

表 3-5 客户信息表

属性名称	数据类型	宽度	可否为空	备注
客户编号	nvarchar	40	否	主键
客户姓名	nvarchar	50		
性别	nvarchar	1		
证件类型	nvarchar	50		
证件号码	nvarchar	50		
联系电话	nvarchar	50		
工作单位	nvarchar	100		
备注	nvarchar	1000		

(1) 往客户信息表中插入一条记录。

(2) 删除客户编号为“1”的客户信息。

(3) 将客户“刘华强”的身份证信息“210905197807210546”更改为“210905197807210547”

四、课后练习

1. 向表中增加一条记录，应该用哪一条 SQL 语句(　　)。

   A. ALTER TABLE　　B. INSERT INTO TABLE

   C. CREATE TABLE　　D. DROP TABLE

2. 以下不是 SQL 数据定义语言的是(　　)。

   A. CREATE　　B. DROP　　C. DELECT　　D. ALTER

3. 以下用于更新数据库记录的关键字是(　　)。

   A. SELECT　　B. UPDATE　　C. INSERT　　D. DELETE

项目四　数据的查询

数据查询是数据库应用程序开发的重要组成部分，用户可以通过 SQL 查询语句对存储在 Microsoft SQL Server 2012 中的数据进行查询来获得所需要的满足一定条件的数据。SQL 是结构化数据库查询语言(Structured Query Language)的英文缩写，是一种使用关系模型的数据库应用语言，主要用于关系数据库中的信息检索。SELECT 语句是 SQL 结构化数据库查询语言之一。本项目分为三个任务:

(1) 简单查询。

(2) 连接查询。

(3) 嵌套查询。

任务一　简单查询

一、任务演示

1. 使用 SELECT 语句选取字段

(1) 消除取值重复的行。显示表中部分字段时，可能会出现重复的记录。如果要去掉这些重复的记录，可以在字段列表前面加上 DISTICNT 关键字。

【示例 4-1】　检索客房信息表中的客房状态，并去掉相同的状态。

```
SELECT　DISTINCT　客房状态　FROM　客房信息表
```

在查询分析器中输入上述语句后，按“执行”按钮或[F5]键运行，查询结果如图 4-1 所示。

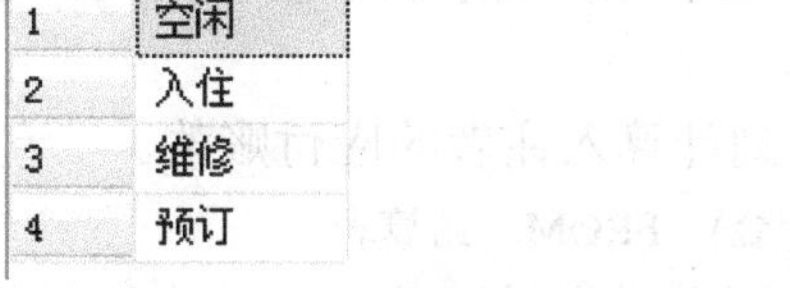

图 4-1　清除重复的运行结果

(2) 限制返回行数。如果一个表中有大量数据记录，而用户只需要看记录的样式和内容，就没必要显示全部记录,这就需要限制返回的行数，可以在字段列表之前使用 TOP n 关键字，则查询结果只显示表中前 n 条记录。如果在字段列表前使用 TOP n PERCENT 关键字，则查询结果只显示前 n%条记录。

【示例 4-2】　检索客户表中的前 5 条记录。

```
SELECT    TOP  5  *   FROM   客户信息表
```

查询结果如图 4-2 所示。

结果　消息

	客户编号	客户姓名	性别	证件类型	证件号码	联系电话	工作单位	备注
1	1	刘华强	男	身份证	210905197807210546	85207112	NULL	NULL
2	2	张小芳	女	身份证	370205197405213513	13548666616	NULL	NULL
3	3	李桥生	男	身份证	370284197901130819	13875888833	NULL	NULL
4	4	刘柏林	男	身份证	511428196305026357	13973127890	NULL	NULL
5	5	刘心灵	女	身份证	37142819800508053x	13348612345	NULL	NULL

图 4-2　显示前 5 条记录的运行结果

【示例 4-3】　检索客户表中的前 5%条记录。

```
SELECT    TOP  5  PERCENT  *    FROM   客户信息表
```

查询结果如图 4-3 所示。

结果　消息

	客户编号	客户姓名	性别	证件类型	证件号码	联系电话	工作单位	备注
1	1	刘华强	男	身份证	210905197807210546	85207112	NULL	NULL
2	2	张小芳	女	身份证	370205197405213513	13548666616	NULL	NULL

图 4-3　显示前 5%记录的运行结果

(3) 输出表中的部分列。要在结果集中输出表中的部分列，可以将要显示的字段名在 SELECT 关键字后依次列出来，列名之间用英文的逗号隔开，字段的顺序可以根据需要指定。

【示例 4-4】　检索客房信息表中所有的记录，但只显示客房编号、类型编号、客房状态字段的信息。

```
SELECT 客房编号，类型编号，客房状态    FROM    客房信息表
```

(4) 输出表中的所有列。将表中的所有字段都在结果集中列出来有两种方法：一种是将所有的字段名在 SELECT 关键字后列出来，另一种是在 SELECT 语句后使用一个“*”。

【示例 4-5】　检索客房信息表中的所有记录，并显示所有字段的信息。

```
SELECT *   FROM   客房信息表
```

(5) 输出计算列。在结果集中可以显示表中没有的列，这些列是通过对表中的一个或多个列计算得到的。

【示例 4-6】　使用计算列计算入住者的应付账款。

```
SELECT *,(应收金额-押金)   FROM    结算表
```

(6) 为结果集内的列指定别名。在默认状态下，查询结果中的列标题可以是表中的列名或无列名。可以根据实际需要对列标题进行修改，也可以为没有标题的计算列进行命名，修改列标题有以下三种方法：

- SELECT 列名(表达式) 列别名 FROM 数据源
- SELECT 列名(表达式) AS 列别名 FROM 数据源
- SELECT 列别名=列名(表达式) FROM 数据源

【示例 4-7】 使用计算列计算入住者的应付账款，列名为实收金额。

```
SELECT 结算单号，(应收金额-押金) 实收金额 FROM 结算表
SELECT 结算单号，(应收金额-押金) AS 实收金额 FROM 结算表
SELECT 结算单号，实收金额=应收金额-押金 FROM 结算表
```

查询的部分结果如图 4-4 所示：

结果　消息

	结算单号	实收金额
1	JS20160102001	-20.00
2	JS20160102002	-60.00
3	JS20160102003	10.00
4	JS20160103001	-15.00
5	JS20160104001	140.00
6	JS20160104002	-20.00
7	JS20160105001	460.00
8	JS20160105002	-100.00
9	JS20160105003	100.00
10	JS20160105004	-20.00
11	JS20160106001	15.00
12	JS20160107001	-40.00

图 4-4　指定列名运行结果

2．使用 WHERE 子句

SQL 语句中使用 WHERE 关键字来设置查询的限制条件，该条件应该使用合法的逻辑表达式来表示。

(1) 比较运算符。比较运算符包含多个，例如 >、<、>=、<=、<>、!=、!>、!< 等，其中 <>、!= 均表示不等于，!> 表示不大于。使用比较运算符可以筛选满足条件的记录。

【示例 4-8】 检索额定人数大于 2 的客房信息。

```
SELECT * FROM 客房信息表 WHERE 额定人数>2
```

查询结果如图 4-5 所示。

结果　消息

	客房编号	客房类型	额定人数	客房状态	客房描述	备注
1	110	5	3	空闲	NULL	NULL
2	210	5	3	预订	NULL	NULL
3	310	5	3	入住	阳光充足	NULL

图 4-5　WHERE 条件运行结果

(2) 范围运算符。范围运算符用来判断列的取值是否在指定范围内。范围运算符包括 BETWEEN 和 NOT BETWEEN，该运算符的格式如下：

```
BETWEEN【NOT BETWEEN】 起始值 AND 终止值
```

【示例 4-9】 检索标准价格在 100 元到 300 之间的客房类型。

SELECT * FROM 客房类型表 WHERE 标准价格 BETWEEN 100 AND 300

查询结果如图 4-6 所示。

	类型编号	类型名称	标准价格	应交押金	备注
1	1	普通单人间	180.00	200.00	NULL
2	2	普通双人间	240.00	300.00	NULL
3	3	豪华单人间	260.00	300.00	提供早餐

图 4-6 BETWEEN 条件运行结果

(3) 列表运算符。列表运算符用来判断给定的列值是否在所给定的列表中，列表运算符包括 IN 和 NOT IN，该运算符的语法格式为：

字段名【NOT】IN(列值 1，列值 2，列值 3，….)

如果字段取值等于列表中的某个取值，则运算结果为 TRUE；否则运算结果为 FALSE，并显示相应的记录。

【示例 4-10】 查询输出类型编号为 1、2、3 的客房信息。

SELECT * FROM 客房信息表 WHERE 客房类型 IN(1，2，3)

查询的部分结果如图 4-7 所示。

	客房编号	客房类型	额定人数	客房状态	客房描述	备注
1	101	1	1	空闲	电梯旁	NULL
2	102	1	1	空闲	电梯旁	NULL
3	103	2	2	空闲	NULL	NULL
4	104	2	2	空闲	NULL	NULL
5	105	3	1	空闲	大床，大尺寸电视	NULL
6	106	3	1	空闲	大床，大尺寸电视	NULL
7	201	1	1	维修	电梯旁	NULL
8	202	1	1	入住	电梯旁	NULL
9	203	2	2	入住	NULL	NULL
10	204	2	2	预订	NULL	NULL

图 4-7 IN 运行结果

(4) 模式匹配运算符。模式匹配运算符用来判断字符型数据的值是否与指定的字符格式相符，该运算符的语法格式为：

字段名 [NOT] LIKE ‘通配符’

【示例 4-11】 查询客户表中姓王的客户记录。

SELECT * FROM 客户信息表 WHERE 姓名 LIKE ‘王%’

查询结果如图 4-8 所示。

	客户编号	客户姓名	性别	证件类型	证件号码	联系电话	工作单位	备注
1	8	王国强	男	身份证	152801198703025310	13875883456	NULL	NULL
2	20	王子霓	女	身份证	522125197912221315	13678555589	NULL	NULL

图 4-8 LIKE 运行结果

(5) 空值运算符。数据库中的数据一般都应该是有意义的，但有些列的取值暂时不知道或者不确定，这时可以暂时不输入该列的值，通常用 NULL 表示。但要注意，NULL 不同于 0 或者空格，语法格式为：

测试字段名 [NOT] IS NULL

【示例 4-12】 查询客房信息表中客房描述为空的记录。

```
SELECT * FROM 客房信息表 WHERE 客房描述 IS NULL
```

查询结果如图 4-9 所示。

结果 消息

	客房编号	客房类型	额定人数	客房状态	客房描述	备注
1	103	2	2	空闲	NULL	NULL
2	104	2	2	空闲	NULL	NULL
3	107	4	2	空闲	NULL	NULL
4	108	4	2	预订	NULL	NULL
5	109	4	2	预订	NULL	NULL
6	110	5	3	空闲	NULL	NULL
7	203	2	2	入住	NULL	NULL
8	204	2	2	预订	NULL	NULL
9	207	4	2	空闲	NULL	NULL
10	208	4	2	入住	NULL	NULL

图 4-9 IS 运行结果

(6) 逻辑运算符。逻辑运算符用来连接多个条件，以便构成一个复合的查询条件，其语法格式为：

逻辑表达式 1 OR/AND 逻辑表达式 2

【示例 4-13】 查询客房类型为‘3’，且空闲的客房信息。

```
SELECT * FROM 客房信息表 WHERE 客房类型=‘3’ AND 客房状态=‘空闲’
```

查询结果如图 4-10 所示。

结果 消息

	客房编号	客房类型	额定人数	客房状态	客房描述	备注
1	105	3	1	空闲	大床，大尺寸电视	NULL
2	106	3	1	空闲	大床，大尺寸电视	NULL
3	206	3	1	空闲	大床，大尺寸电视	NULL
4	305	3	1	空闲		NULL

图 4-10 AND 运行结果

3．分类汇总

GROUP BY 子句用于对结果集进行分组并对每一组数据进行汇总计算，其语法格式为：

GROUP BY 列名 [HAVING 条件表达式]

GROUP BY 按“列名”指定的列进行分组，将该列值相同的记录组成一组，对每一组进行汇总计算,每一组生成一条记录。若有 HAVING 条件表达式选项，则表示对生成的组进行筛选后，再对每组进行汇总计算。

【示例 4-14】 统计不同类型的客房数量。

```
SELECT 客房类型,COUNT(*) as 数量 FROM 客房信息表 GROUP BY 客房类型
```

查询结果如图 4-11 所示。

结果　消息

	客房类型	数量
1	1	6
2	2	6
3	3	6
4	4	9
5	5	3

图 4-11　分组统计运行结果

【示例 4-15】　查询客房数量超过 5 的客房类型及其数量。

```
SELECT 客房类型,COUNT(*) as 数量 FROM 客房信息表 GROUP BY 客房类型
HAVING   COUNT(*)>=5
```

查询结果如图 4-12 所示。

结果　消息

	客房类型	数量
1	1	6
2	2	6
3	3	6
4	4	9

图 4-12　HAVING 运行结果

4．排序

ORDER BY 子句一般位于 SELECT 语句的最后，它的功能是对查询返回的数据进行重新排序。用户可以通过 ORDER BY 子句来指定查询结果的输出顺序，如升序(ASC)或降序(DESC)

【示例 4-16】　检索客户表中所有客户的信息，并按客户编号的降序显示。

```
SELECT  *  FROM  客户信息表  ORDER BY  客户编号  DESC
```

查询结果如图 4-13 所示。

结果　消息

	客户编号	客户姓名	性别	证件类型	证件号码	联系电话	工作单位	备注
1	29	蔡明佳	女	身份证	210304198503040045	13877554321	NULL	NULL
2	28	何杰	男	身份证	210111198503063012	NULL	NULL	NULL
3	27	刘晓君	女	身份证	21031119851130004x	13634567831	NULL	NULL
4	26	刘一守	男	身份证	210303198508131214	13577889432	NULL	NULL
5	25	唐柏东	男	身份证	622723198602013412	13894573421	NULL	NULL
6	24	雷林锋	男	身份证	210304198504260488	13978563366	NULL	NULL
7	23	彭东	男	身份证	210502198412020944	13089558432	NULL	NULL
8	22	叶彭佳	男	身份证	210124198508162281	13378933277	NULL	NULL
9	21	谢晓天	男	身份证	430481198012056132	18975673467	NULL	NULL
10	20	王子宽	女	身份证	522125197912221315	13678555589	NULL	NULL

图 4-13　降序排列运行结果

二、必备知识

1. SQL 简单查询的基本格式

查询是对存储在 SQL Server 2005 中的数据请求，用户可以通过查询获得所需的数据。查询可以通过执行 SELECT 语句实现，也可以通过其他图形界面的程序实现，但它们最后都要将每个查询转换成 SELECT 语句，然后发送到 SQL SERVER 服务器执行。SQL 语句可以划分为三个组成部分：SQL 操作、目标、条件。"SQL 操作"和"目标"是必要的，"条件"部分视 SQL 操作而定。T-SQL 的语法规则如表 4-1 所示，SELECT 语句的基本语法格式如下：

```
SELECT   select_list
[INTO   new_table_name]
FROM table_list
[WHERE search_conditions]
[GROUP BY   group_by_list]
[HAVING search_conditions]
[ORDER BY order_list [ASC|DESC]]
```

其中，参数的解释如下：

- SELECT select_list：描述结果集合的列，它是一个逗号分隔的表达式列表。每个表达式通常是需要查看数据的源表或视图的列名。
- INTO new_table_name：将查询的结果存入到一个新表中。
- FROM table_list：数据来源的表名或试图名。
- WHERE search_conditions：给出查询的条件。
- GROUP BY group_by_list：指定分组依据。
- HAVING search_conditions：分组后的查询与筛选。
- ORDER BY order_list [ASC|DESC]：依据制定的列进行排序。

表 4-1 T-SQL 语法规则

语法规则	说 明
大小写	不区分字母大小写，但一般关键字使用大写，表名第一个字母使用大写，字段名使用小写
{}	必选语法项目，不要输入大括号
[]	可选语法项目，不要输入方括号
()	语句的组成部分，必须输入
|	分隔括号或大括号内的语法项目，只能选择一个项目
[，…]	表示前面的项可重复 n 次，每一项由逗号分隔
[…n]	表示前面的项可重复 n 次，每一项由空格分隔

2. 选择行和列

选择表中的若干行(记录)就是表的选择运算，这种运算可以通过增加谓词(如 WHERE

子句)来实现。选择表中的全部列或部分列就是表的投影运算，这种运算可以通过 SELECT 子句给出的字段列表来实现。字段列表中的列可以是表中的列，也可以是表达式列。所谓表达式列就是多个列运算后产生的列或是利用函数计算后所得的列。

3．模式匹配运算符

模式匹配运算符包括 LIKE 和 NOT LIKE，其中通配符包括下列四种：

● %：代表由 0 个或者多个任意字符组成的字符串。例如 A%代表以 A 开头的字符串，%B 代表以 B 结束的字符串。

● _：下划线，代表任意单个字符。如 A_C 代表一个三个长度字符串，第一个是 A，第三个是 C，中间字符任意。

● [ ]:代表指定范围内的任意单个字符。例如 A[b,c,d]，表示的是 Ab、Ac 或者 Ad；也可以是一个范围，例如 A[a-h]，代表第一个字符为 A，第二个为 a 到 h 之间的任意一个字符。

● [^]：代表不在指定范围内的单个字符，例如[^a-h]。

4．逻辑运算符

逻辑运算符包括 AND、OR 和 NOT，分别是逻辑与、或、非。

● AND：连接两个条件，如果两个条件都成立，则组合条件成立。

● OR：连接两个条件，如果两个条件有任意一个成立，则组合条件成立。

● NOT：对给定条件的结果取反。

5．HAVING 的使用

如要输出满足一定条件的分组，则需使用 HAVING 关键字。即当完成数据结果的查询和统计后，使用 HAVING 关键字来对查询和统计的结果进行进一步筛选。WHERE 与 HAVING 的区别如下：

(1) WHERE 是筛选满足条件的记录，用来给定条件；

(2) HAVING 是先分组，再对分组后的数据进行筛选，或当条件中带有聚合函数时，也由 HAVING 给出。

6．聚合函数

聚合函数是把数据表中的数据作为一个整体进行汇总或求平均等各种运算，SQL Server 2012 提供了一系列统计函数，用于实现汇总查询。常用的统计函数如表 4-2 所示。

表 4-2　SQL SERVER 的统计函数

函数名	功　能
Sum( )	对数值型列或计算列求总和
Avg( )	对数值型列或计算列求平均值
Min( )	返回一个数值列或数值表达式的最小值
Max( )	返回一个数值列或数值表达式的最大值
Count(*)	返回满足 SELECT 语句中指定的条件的记录个数

三、实战演练

【演练 4-1】 使用 SQL 语句，完成如下数据的查询。

(1) 查询酒店客房中分别有哪几种额定人数，并去掉相同记录。

(2) 统计客户表中男客户的信息。

(3) 分别统计男女顾客的数量，列名为“客户数量”。

(4) 查询最近离开酒店的 10 条入住记录。

(5) 查询空闲的单人间的客房信息。

(6) 统计入住表中，每天的入住人数。

四、课后练习

1．查询毕业学校名称与“清华”有关的记录应该用(　　)。

A．SELECT * FROM 学习经历 WHERE 毕业学校 LIKE ‘*清华*’

B．SELECT * FROM 学习经历 WHERE 毕业学校 = ‘%清华%’

C．SELECT * FROM 学习经历 WHERE 毕业学校 LIKE ‘?清华?’

D．SELECT * FROM 学习经历 WHERE 毕业学校 LIKE ‘%清华%’

2．Select 职工号 FROM 职工 WHERE 工资>2560 命令的功能是(　　)。

A．查询工资大于 2560 的记录

B．查询 2560 号记录后的记录

C．检索所有的职工号

D．从[职工]关系中检索工资大于 2560 的职工号

3．下列四项中，不正确的说法是(　　)。

A．SQL 语言是关系数据库的国际标准语言

B．SQL 语言具有数据定义、查询、操纵和控制功能

C．SQL 语言可以自动实现关系数据库的规范化

D．SQL 语言称为结构化的查询语言

4．在 SQL 中，SELECT 语句的“SELECT DISTINCT”表示查询结果中(　　)。

A．属性名都不相同

B．去掉了重复的列

C．行都不相同

D．属性值都不相同

5．分别统计客房信息表中各种类型的客房数量。

6．检索客户表中姓“李”的客户信息。

7．检索客户表中前 10%的记录。

8．检索实收金额在 500 到 1000 元之间的入住单号。

9．检索客房描述为空的客房信息。

10．检索最近预订酒店的 5 条预定记录。

任务二　连 接 查 询

一、任务演示

【示例 4-17】　对客房信息与客房类型两个简表做交叉连接查询。

有两个简表："客房信息"和"客房类型"，分别如表 4-3 和表 4-4 所示，两个表交叉连接后产生的结果如表 4-5 所示，结果集是两个表记录的交叉乘积，结果集的列是两个表的集合。

表 4-3　客房信息表

客房编号	类型编号
106	1
202	2
308	5

表 4-4　客房类型表

类型编号	类型名称
1	普通单人间
2	普通双人间
5	豪华三人间

表 4-5　交叉连接结果

客房编号	类型编号	类型编号	类型名称
106	1	1	普通单人间
202	2	1	普通双人间
308	5	1	豪华三人间
106	1	2	普通单人间
202	2	2	普通双人间
308	5	2	豪华三人间
106	1	5	普通单人间
202	2	5	普通双人间
308	5	5	豪华三人间

从表 4-5 可以看出：交叉连接产生的结果集会产生大量的冗余，一般没有实际应用的意义，所以这种连接很少使用，但对理解 DBMS 交叉连接过程及今后使用连接查询很有帮助。此二表的交叉连接语句如下：

```
SELECT * FROM 客房信息,客房类型
```

【示例 4-18】　对客房信息与客房类型两表做等值连接查询。

```
SELECT * FROM 客房信息,客房类型 WHERE 客房信息.类型编号=客房类型.类型编号
```

【示例 4-19】　检索客户的姓名、预定单号和入住天数(包括目前没有预定的客户)。

```
SELECT 客户姓名,预订单号,入住天数
FROM 客户信息表 LEFT JOIN 客房预订表
```

ON 客户信息表.客户编号=客房预订表.预订客户

查询的部分结果如图 4-14 所示。

结果 消息

	客户姓名	预订单号	入住天数
1	刘华强	YD20160102003	3
2	张小芳	YD20160102001	3
3	李桥生	NULL	NULL
4	刘柏林	YD20160102002	2
5	刘心灵	YD20160103001	1
6	文蕊	NULL	NULL
7	张小顺	NULL	NULL
8	王国强	YD20160101001	1
9	叶绿素	NULL	NULL
10	赵小梅	NULL	NULL

图 4-14 左外连接运行结果

【示例 4-20】 检索客房对应的类型名称及其描述(包括正在装修的新客房类型)。

```
SELECT 客房编号,类型名称,客房描述
FROM 客房信息表 RIGHT JOIN 客房类型表
ON 客房信息表.客房类型=客房类型表.类型编号
```

查询的部分结果如图 4-15 所示。

结果 消息

	客房编号	类型名称	客房描述
22	207	豪华双人间	NULL
23	208	豪华双人间	NULL
24	209	豪华双人间	NULL
25	307	豪华双人间	NULL
26	308	豪华双人间	NULL
27	309	豪华双人间	NULL
28	110	豪华三从间	NULL
29	210	豪华三从间	NULL
30	310	豪华三从间	阳光充足
31	NULL	酒店办公室	NULL

图 4-15 右外连接运行结果

【示例 4-21】 使用自连接查询额定人数比客房编号为‘202’的额定人数多的房间信息。

```
SELECT a.*    FROM 客房信息表  a, 客房信息表  b
WHERE a.额定人数>b.额定人数  and a.客房编号<>b.客房编号
      and  b.客房编号= ‘202’
```

查询的部分结果如图 4-16 所示。

	客房编号	客房类型	额定人数	客房状态	客房描述	备注
1	103	2	2	空闲	NULL	NULL
2	104	2	2	空闲	NULL	NULL
3	107	4	2	空闲	NULL	NULL
4	108	4	2	预订	NULL	NULL
5	109	4	2	预订	NULL	NULL
6	110	5	3	空闲	NULL	NULL
7	203	2	2	入住	NULL	NULL
8	204	2	2	预订	NULL	NULL
9	207	4	2	空闲	NULL	NULL
10	208	4	2	入住	NULL	NULL
11	209	4	2	入住	NULL	NULL
12	210	5	3	预订	NULL	NULL

图 4-16　自连接运行结果

【示例 4-22】　假设有客房类型表 1 和客房类型表 2，并且这两个表的结构一致，对两表进行合并操作。

```
SELECT  *  FROM  客房类型 1   UNION   SELECT *  FROM  客房类型 2
```

二、必备知识

连接查询是设计多个表的查询，它是关系数据库中最重要的查询，包括交叉连接查询、等值与非等值连接查询、外连接查询、自身连接查询等。

1．交叉连接查询

交叉连接又称非限制连接(广义笛卡儿积)，它将两个表不加约束地连接在一起，连接产生的结果集的记录数量为两个表中记录数量的交叉乘积，结果集的列的数量为两个表属性列的和。其中，交叉连接语法格式如下：

```
SELECT 列名列表 FROM 表名 1 CROSS JOIN 表名 2
```

或者

```
SELECT 列名列表 FROM 表名 1，表名 2
```

其中，CROSS JOIN 为交叉连接关键字。

2．等值与非等值连接查询

连接查询中用来连接两个表的条件称为连接条件，连接条件的一般格式为：

```
[<表名 1>.]<列名> <比较运算符> [<表名 2>.] <列名>
```

其中，比较运算符主要有=、>、<、>=、<=、!= 。当比较运算符为“=”时，称为等值连接。使用其他运算符的连接为非等值连接，与比较运算符一起组成连接条件的列名称为连接字段。

等值连接的过程类似于交叉连接，但在连接的过程中只有满足连接条件的记录会存放到结果集中。等值连接的语法格式为：

```
SELECT 列名列表   FROM 表名 1 [INNER]JOIN   表名 2
ON  表名 1.列名=表名 2.列名
```

或者

SELECT 列名列表 FROM 表名1,表名2 WHERE 表名1.列名=表名2.列名

其中，参数的解释如下：

(1) INNER为连接类型选项关键字，指定连接类型为内连接时可以省略。

(2) ON 表名1.列名=表名2.列名是连接的等值条件，通常为“ON 主键=外键”的形式。

3. 外连接查询

在等值连接操作中，只有满足条件的记录才能在结果集中输出。但有时候也希望输出不满足条件的其他记录，这时候就需要外连接了。外连接分为左外连接、右外连接、全外连接三种。

(1) 左外连接。左外连接就是将左边的表作为主表，主表中所有记录分别与右表的每一条记录进行连接，结果集中除了满足连接条件的记录外，还有主表中不满足连接条件的记录，在右表的相应列上自动填充NULL值，左外连接的语法如下：

SELECT 列名列表 FROM 表名1 LEFT[OUTER] JOIN 表名2
ON 表名1.列名=表名2.列名

(2) 右外连接。右外连接就是将右边的表作为主表，主表中所有记录分别与左表的每一条记录进行连接，结果集中除了满足连接条件的记录外，还有主表中不满足连接条件的记录，在左表的相应列上自动填充NULL值，右外连接的语法如下：

SELECT 列名列表 FROM 表名1 RIGHT[OUTER] JOIN 表名2
ON 表名1.列名=表名2.列名

(3) 全外连接。全外连接就是将左表所有记录分别与右表的每一条记录进行连接，结果集中除了满足连接条件的记录外，还有左、右表中不满足连接条件的记录，在左、右表的相应列上填充NULL值，全连接的语法如下：

SELECT 列名列表 FROM 表名1 FULL[OUTER] JOIN 表名2
ON 表名1.列名=表名2.列名

4. 自身连接查询

连接操作不仅可以在两个不同的表之间进行，也可以是一个表与其自身进行的连接，称为表的自身连接。自身连接也可以理解为一个表的两个副本之间的连接，使用自身连接时，必须分别为表指定两个别名。

5. UNION合并结果集

使用UNION语句可以将两个或两个以上的查询结果合并为一个结果集。合并后的结果集包含联合查询结果中的全部行。UNION子句的语法格式如下:

SELECT 语句
UNION [ALL]
SELECT 语句

其中：

- 参加UNION操作的每一个查询所涉及的列数必须相同，对应的数据类型也必须相同。若长度不同，以最长字段作为输出字段的长度；
- 系统将自动删除并集的重复记录，若要全部显示，则需要在UNION后添加关键字

ALL;

- 最后结果集的列名来自第一个 SELECT 语句。
- 最后一个 SELECT 查询可以带 ORDER BY 子句，对整个 UNION 操作结果集起作用。且只能用第一个 SELECT 查询中的字段作排序列。

三、实战演练

【演练 4-2】 使用 SQL 语句，完成如下连接查询。

(1) 检索所有的客房编号、类型编号、类型名称。

(2) 检索“002”号操作员的姓名以及他所录入的预订单号。

(3) 检索在“2016-01-01”预定客房的客户姓名和联系电话。

四、课后练习

1. 使用交叉连接 A、B 两个表，已知 A、B 两个表分别有 10、15 条记录，则它们交叉连接后的记录条数是____________。

2. 在合并结果集时会自动消除重复行，除非使用____________关键字。

3. 检索曾经入住过“106”号客房的客户姓名、证件号码、入住时间以及退房时间。

4. 检索退房时间为“2016-01-05”的房号、结算单号和实收金额。

任务三 嵌套查询

一、任务演示

1. 带比较运算符的子查询

在带有比较运算符的子查询中，子查询的结果是一个单值。父查询通过比较运算符将父查询中的一个表达式与子查询结果(单值)进行比较，如果表达式的值与子查询结果比较运算符的结果为 TURE，父查询中的“表达式 比较运算符(子查询)”条件表达式返回 TRUE，否则返回 FALSE。

常用的比较运算符有 >、>=、<、<=、=、<>、!= 、!> 、!<。

【示例 4-23】 检索额定人数比客房编号为‘202’的额定人数多的房间信息。

```
SELECT * FROM 客房信息表 WHERE 额定人数 >
(SELECT 额定人数 FROM 客房信息表 WHERE 客房编号='202')
```

查询结果同示例 4-21。

2. 带 IN 运算符的子查询

在带有 IN 运算符的子查询中，子查询的结果是一个集合。父查询通过 IN 运算符将父查询中的一个表达式与子查询结果集中的每一个值进行比较，如果表达式的值与子查询结果集合中的任何一个值相等，父查询中的“表达式 IN (子查询)”条件表达式返回 TRUE，否则返回 FALSE。NOT IN 运算符与 IN 运算符的结果恰好相反。

【示例 4-24】 检索客房价格在 280 元以上的所有客房信息。

```
SELECT * FROM 客房信息表 WHERE 客房类型 IN (SELECT 类型编号 FROM 客房类型表
WHERE    标准价格>280)
```

查询的部分结果如图 4-17 所示。

结果 | 消息

	客房编号	客房类型	额定人数	客房状态	客房描述	备注
1	107	4	2	空闲	NULL	NULL
2	108	4	2	预订	NULL	NULL
3	109	4	2	预订	NULL	NULL
4	110	5	3	空闲	NULL	NULL
5	207	4	2	空闲	NULL	NULL
6	208	4	2	入住	NULL	NULL
7	209	4	2	入住	NULL	NULL
8	210	5	3	预订	NULL	NULL
9	307	4	2	空闲	NULL	NULL
10	308	4	2	空闲	NULL	NULL

图 4-17 IN 运算嵌套查询运行结果

3. 带 ANY 运算符的子查询

使用 ANY 运算符进行批量比较时，通过比较运算符将一个表达式的值与子查询返回的列值集合中的每一个进行比较。只要有一次比较的结果为 TRUE，则 ANY 测试返回 TRUE。例如，表达式> ANY(1,2,3)，表示大于三个数中的任意一个即可，即只要大于 1 就可以。

【示例 4-25】 检索入住天数大于预定表中前三个入住天数中的任意一个的客户信息。

```
SELECT  客户信息表.客户编号,客户姓名,入住天数  FROM 客户信息表 JOIN  客房预订表
ON  客户信息表.客户编号=客房预订表 .预订客户
WHERE  入住天数>ANY (SELECT top 3 入住天数 FROM 客房预订表)
```

查询结果如图 4-18 所示。

结果 | 消息

	客户编号	客户姓名	入住天数
1	2	张小芳	3
2	4	刘柏林	2
3	1	刘华强	3
4	23	彭东	3

图 4-18 ANY 嵌套查询运行结果

4. 带 ALL 运算符的子查询

使用 ALL 运算符进行批量比较时，通过比较运算符将一个表达式的值与子查询返回的列值集合中的每一个进行比较。只有全部比较的结果为 TRUE 时 ANY 测试才返回 TRUE。

例如，表达式> ALL(1,2,3)，表示必须大于三个中最大的一个。

【示例 4-26】　检索入住天数大于预定表中所有前三个入住天数的客户信息。

```
SELECT  客户信息表.客户编号,客户姓名,入住天数  FROM 客户信息表 JOIN 客房预订表
ON  客户信息表.客户编号=客房预订表.预订客户  WHERE 入住天数>
ALL (SELECT top 3 入住天数  FROM  客房预订表)
```

查询结果如图 4-19 所示。

结果　消息

	客户编号	客户姓名	入住天数
1	1	刘华强	3
2	23	彭东	3

图 4-19　ALL 嵌套查询运行结果

5. 带 EXISTS 运算符的子查询

使用子查询进行存在性测试时，通过逻辑运算符 EXISTS 或者 NOT EXISTS 检查子查询所返回的结果是否包含记录。使用逻辑运算符 EXISTS，如果该结果集中包含一条或多条记录，则存在性测试返回 TRUE；如果不包含任何记录，则存在性测试返回 FALSE。NOT EXISTS 将对存在性测试结果取反。

【示例 4-27】　检索目前没有预定任何房间的客户信息。

```
SELECT  *  FROM  客户信息表  WHERE   NOT EXISTS
(SELECT 预订客户  FROM 客房预订表
where 客户信息表.客户编号=客房预订表.预订客户)
```

查询结果如图 4-20 所示。

结果　消息

	客户编号	客户姓名	性别	证件类型	证件号码	联系电话	工作单位	备注
1	3	李桥生	男	身份证	370284197901130819	13875888833	NULL	NULL
2	6	文蕊	女	身份证	37010219680709292X	13376893367	NULL	NULL
3	7	张小顺	男	身份证	210111198503063012	13556878368	NULL	NULL
4	9	叶绿素	女	身份证	430107198507020611	13978548752	NULL	NULL
5	10	赵小梅	女	身份证	43031119850417003x	NULL	NULL	NULL
6	11	陈沤明	男	身份证	211322198509260317	85207123	NULL	NULL
7	13	周晓东	男	身份证	43042919840709121x	13875888822	NULL	NULL
8	14	刘三花	女	身份证	522324197508045617	15308404455	NULL	NULL
9	15	陈刚	男	身份证	52262619800410121X	15308405672	NULL	NULL
10	16	李小强	女	身份证	433026196612172414	NULL	NULL	NULL

图 4-20　EXISTS 嵌套查询运行结果

二、必备知识

1. 嵌套查询的含义

在 T-SQL 语言中，一个 SELECT-FROM-WHERE 语句称为一个查询块，将一个查询块嵌套在另一个查询块的 WHERE 子句或 HAVING 条件中的查询称为嵌套查询，嵌套查询的

结构类似于程序中的循环嵌套。括号中的查询块称为子查询或内层查询，而包含子查询的查询块称为父查询或外层查询。

子查询可以嵌套在外部 SELECT、INSERT、UPDATE 或 DELETE 语句的 WHERE 或 HAVING 子句内，或者其他子查询中。子查询的 SELECT 必须使用圆括号括起来，且不能包括 ORDER BY 子句。三种基本的子查询分别是通过包含运算符 IN、运算符 ANY、运算符 ALL 比较的运算符子查询；通过和返回的单个值进行比较的子查询；通过运算符 EXISTS 引入的存在性测试的子查询。

SQL Server 对嵌套查询的求解方法是由里向外处理的，即每个子查询在外层查询处理之前求解，子查询的结果用于建立外层查询的查找条件。嵌套查询可以用多个简单查询构造复杂的查询，从而提高了 SQL 语言的查询能力，理论上嵌套不能超过 32 层。

2. ANY 或 ALL 运算符

在带有 ANY 或 ALL 运算符的子查询中，子查询的结果是一个集合。ANY 或 ALL 与比较运算符一起使用的语义如表 4-6 所示。

表 4-6 ANY 或 ALL 与比较运算符一起使用的语义

运算符	语 义
>ANY	大于子查询结果中的某个值
>ALL	大于子查询结果中的所有值
<ANY	小于子查询结果中的某个值
<ALL	小于子查询结果中的所有值
>=ANY	大于等于子查询结果中的某个值
>=ALL	大于等于子查询结果中的所有值
<=ANY	小于等于子查询结果中的某个值
<=ALL	小于等于子查询结果中的所有值
=ANY	等于子查询结果中的某个值

3. EXISTS 子查询

EXISTS 子查询的查询条件引用了外层查询表中的字段值。查询的结果集取决于外部查询当前的数据行。执行的顺序是首先选取外层查询表中的第一行记录，内层的子查询利用此行中相关的字段值进行查询，然后外层查询根据子查询返回的结果判断此行是否满足查询条件。如果满足条件，则把该行放入外层查询结果集中。重复这一过程的执行，直到处理完外层查询表中的每一行数据。通过对此执行过程的分析可知，EXISTS 子查询的执行次数是由外层查询的行数决定的。

三、实战演练

【演练 4-3】 使用嵌套查询语句，完成如下数据的查询。

(1) 检索价格高于“标准单人间”的价格的客房类型信息。

(2) 检索预定表中入住天数超过 10 天的客户信息。

(3) 检索额定人数大于客房信息表中额定人数最多的前三个中的任意一个的客房信息。

四、课后练习

1. SQL 语言中，不是逻辑运算符的是(　　)。

A. AND　　B. NOT　　C. OR　　D. XOR

2. 关于嵌套子查询说法不正确的是(　　)。

A. 将子查询放在括号中

B. 将子查询放在比较运算符右边

C. 子查询中可以使用 Order by 子句

D. 单行子查询使用单行操作符

3. 检索目前还没有结算的入住信息。

4. 检索姓名为“张晓”的操作员录入的所有预定信息。

5. 检索客房状态为“空闲”的豪华单人间的所有客房信息。

项目五 创建和使用视图

视图作为一种数据库对象，为用户提供了一个检索数据表中数据的方式。用户通过视图来浏览数据表中感兴趣的部分或全部数据。本项目通过三个任务来分别介绍视图的创建、管理和应用。在“酒店客房管理系统”中，当用户要查询客房信息时，如客房的编号、类型名称、状态及入住客户姓名等，这些信息分别存储在不同的表中。若经常使用来自多表的数据，则可以将原本复杂的查询定义创建成一个视图，简化数据操作。本项目共分为三个任务:

(1) 创建视图。

(2) 管理视图。

(3) 应用视图。

任务一 创建视图

一、任务演示

【示例 5-1】 使用 T-SQL 语句在“客房信息表”中创建一个名为“v_客房信息表”的视图，该视图用于查看客房状态为“入住”的客房信息，具体的操作步骤如下：

(1) 在 SQL Server Management Studio 查询分析器窗口中运行如下命令：

```
USE hotelBook
GO
CREATE VIEW   v_客房信息表
AS
SELECT   *
FROM   客房信息表
WHERE 客房状态='入住'
```

(2) 视图创建成功后，用户可以通过查询语句来检查视图是否建立及视图的返回结果。在 SQL Server Management Studio 查询分析器窗口中运行如下命令：

```
USE hotelBook
GO
SELECT *   FROM   v_客房信息表
```

运行完毕后，在“结果”窗口中返回的结果如图 5-1 所示，表示视图创建成功，同时返回相应的视图结果。

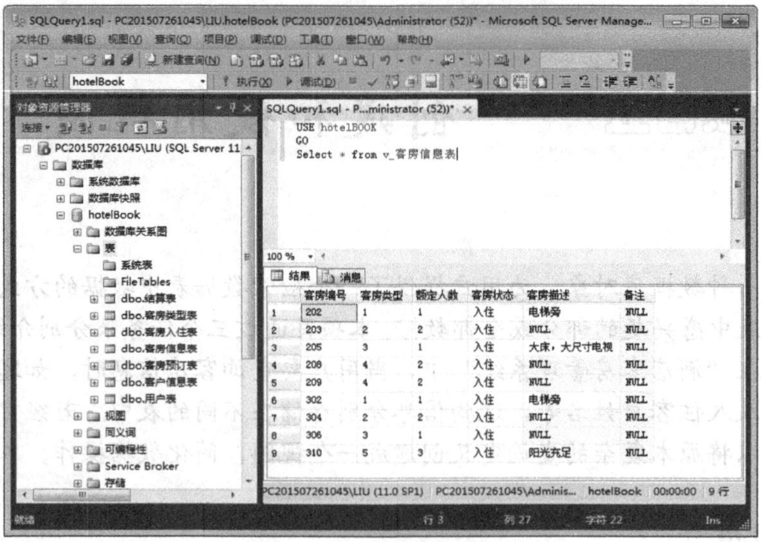

图 5-1 视图查看返回结果

【示例 5-2】 在“hotelBook”数据库中创建名为“v_入住房客信息表”的视图，要求显示客房编号、类型名称、客户姓名、性别、证件号码、联系电话、入住时间的信息，具体的操作步骤如下：

(1) 启动 SQL Server Management Studio，并连接到 SQL Server 2012 包含“hotelBook”数据库的数据库实例，打开 SQL Server 2012 的对象资源管理器。

(2) 在“对象资源管理器”窗口中依次展开“服务器”和“数据库”节点，双击“hotelBook”节点将其展开。

(3) 右击其中的“视图”节点，从弹出的快捷菜单中选择“新建视图”选项，如图 5-2 所示。

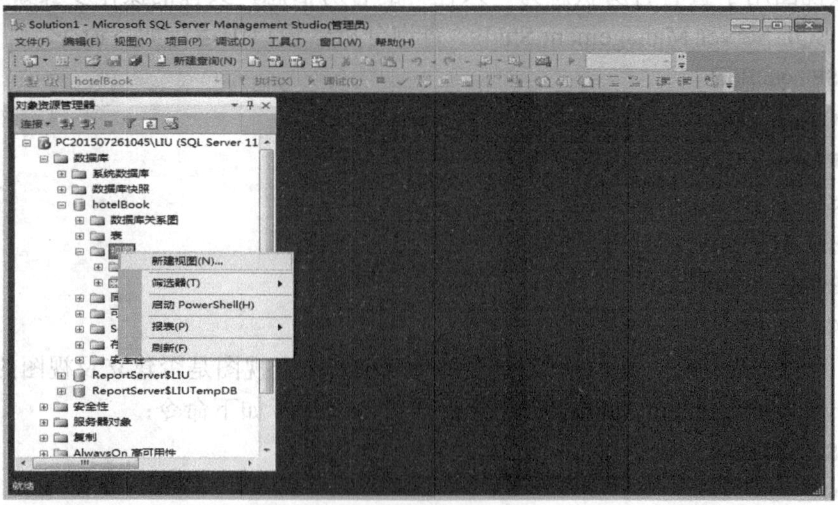

图 5-2 “视图”节点快捷菜单

(4) 此时会出现“添加表”对话框，如图 5-3 所示。在该对话框中选择创建视图所要使用的数据表或已有的视图，可以使用[Ctrl]或[Shift]键进行多选，这里根据要求应该选择“客房入住表”、“客房类型表”、“客房信息表”、“客户信息表”四张数据表，并单击“添加”按钮，然后单击“关闭”按钮关闭添加表对话框，返回“新建视图”窗口，如图 5-4 所示。

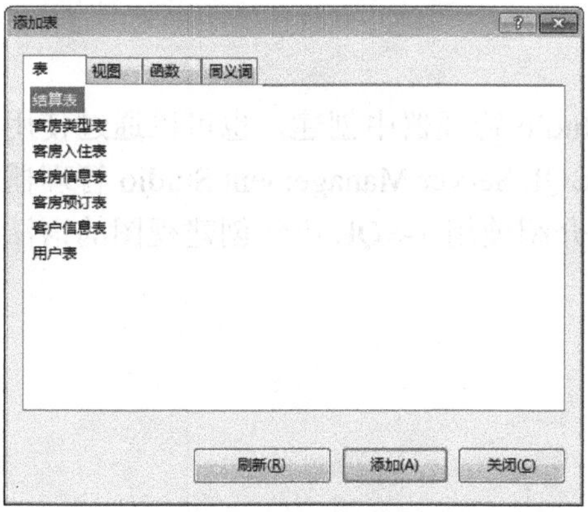

图 5-3　添加表对话框

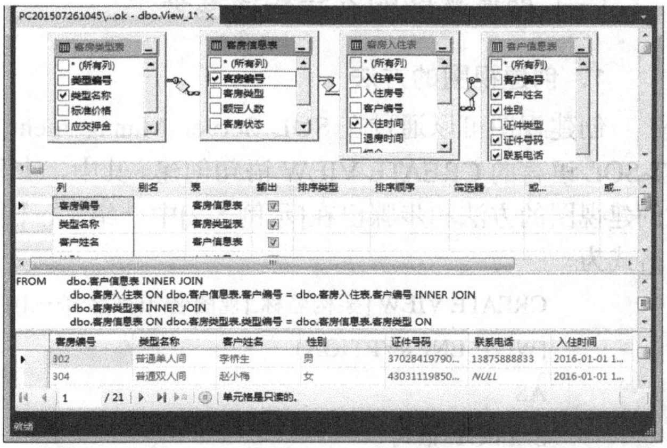

图 5-4　新建视图窗口

(5) 在“新建视图”窗口的第二个窗格中，选择创建视图所需的字段，在选择字段时可以指定别名、排序方式和规则等。在这里所选择的字段、规则等情况与其对应的 SELECT 语句将会自动显示在第三个窗格中，也可以直接在该窗格中输入 SELECT 语句。

(6) 单击工具栏的红色惊叹号(!)按钮，可将视图的内容在“新建视图”窗口的第四个窗格中显示出来。

单击工具栏的“保存”按钮，在出现的“选择名称”对话框中输入视图名，并单击“确定”按钮即可保存新建的视图。

二、必备知识

(一) 视图的概念

视图是由一个或多个数据表或视图导出的虚拟表或查询表，是关系数据库系统提供给用户以多角度观察数据库中数据的重要机制。用户通过视图浏览数据表中感兴趣的部分或全部数据，而数据的物理存放位置仍然在数据库的表中，这些表称为视图的基表。

视图被看成是虚拟表，它并不表示任何物理数据，不占用任何磁盘空间，只是用来查看数据的视窗。视图与真正的数据表很类似，也是由一组命名的列和数据行组成的，其内容由查询语句定义。例如：客房入住表中保存酒店入住顾客的全部信息，对于当天的值班员，我们只允许他访问近几天内入住顾客的部分信息(入住单号、姓名、性别、联系电话、客房类型、客房名称、入住日期)，而这些信息又分别保存在客房入住表、客房类型等表中，此时可以将这些相关的数据通过查询语句生成一个结果集，这个结果集又不真正地以数据表形式存在，而是用一个虚拟的名称表示，该虚拟名称可以看做是视图名。这种根据用户观点所定义的数据结构就是视图。

视图并不是以一组数据的形式存储在数据库中，数据库中只存储视图的定义(即查询结果)。当数据表中的数据发生变化时，从视图中查询出来的数据也随之改变。视图中的行和列都来自于基表，在视图被引用时动态生成。使用视图可以集中、简化和定制用户的数据表显示，用户可以通过视图来访问数据，而不必直接访问数据表。

(二) 创建视图的方法和注意事项

1. 创建视图的方法

创建视图可以通过在 SQL Server Management Studio 管理器中创建，也可以通过使用 T-SQL 语言的 CREATE VIEW 语句创建。其中，使用 SQL Server Management Studio 管理器创建视图的方法和步骤已在[示例 5-2]中介绍了，下面介绍使用 T-SQL 语句创建视图的语法格式为

```
CREATE VIEW [架构名称.]视图名 [(列名 […,])]
[WITH ENCRYPTION]
AS
SELECT 语句
[WITH CHECK OPTION]
```

参数说明如下：

(1) 架构名称：指定视图所属架构的名称。数据库架构是一个独立于数据库用户的非重复命名空间。

(2) 视图名：视图的名称。视图名称必须符合有关标识符的规则，可以选择是否指定视图所有者名称。

(3) 列名：指定视图中的列名。列名要么全部省略，要么全部指定，如果省略了视图的列名，则由隐含在该视图 SELECT 语句中结果集的列名组成。

(4) WITH ENCRYPTION：说明在系统表 syscoments 中存储 CREATE VIEW 语句时进行加密，可防止在 SQL SERVER 复制过程中发布视图。

(5) AS：指定视图要执行的操作。

(6) SELECT 语句：定义视图的 SELECT 语句，该语句可以使用多个表和其它视图。

(7) WITH CHECK OPTION：强制所有通过视图修改的数据满足代码中的 SELECT 语句中指定的选择条件，即保证修改、插入和删除的行满足视图定义的条件，这样可以确保数据修改后，仍可通过视图看到修改的数据。

2. 创建视图的注意事项

(1) 只能在当前数据库中创建视图，在视图中最多只能引用 1024 个列，视图中记录的数目限制只能由其基表中的记录数决定。

(2) 如果与视图相关的表或视图被删除，则该视图将不能再使用。

(3) 定义视图只能用 SELECT 语句，并且不能包括 ORDER BY 子句、COMPUTE、COMPUTE BY 子句、INTO、DISTINCT 等关键字。

(4) 视图名称必须符合 SQL Server 中标识符定义规则。每个自定义视图的名称必须唯一，且不能与该用户的某个表名相同。

(5) 视图可以建立在其它视图或者引用视图的过程上。

(6) 不能创建临时视图，而且也不能在临时表上创建视图。

(7) 不能对视图进行全文查询。

(8) 不能将规则、默认值绑定在视图上。

(9) 使用视图查询时，若其关联的基本表中添加了新字段，则必须重新创建视图才能查询新字段。

(三) 视图的优点和缺点

1. 视图的优点

视图具有以下几个优点：

(1) 简化查询语句。通过视图可以将复杂的查询语句变得很简单。那些被经常使用的查询可以被定义为视图，从而使用户不必为以后的操作每次指定全部的条件。

(2) 着重于特定数据。由于在视图中可以定义人们所关心的特定数据，某些敏感的、不必要的数据可以不出现在视图中，还可以定义字段别名，这样能使用户浏览查询结果更加方便。用户所能看到的数据就是所需要的数据。

(3) 方便程序的维护。如果通过视图来存取数据，那么当数据表的结构发生改变时，只需要更改视图存储的查询语句即可，不需要更改程序。

(4) 增加数据的安全性和保密性。针对不同的用户，可以创建不同的视图，此时的用户只能查看和修改其所能看到的视图中的数据，而真正的数据表中的数据甚至连数据表都是不可见不可访问的，这样可以限制用户浏览和操作的数据内容。另外视图所引用的表的访问权限与视图的权限设置也是相互不影响的。

(5) 跨服务区组合分区数据。将单独表的两个或多个查询结果组合到单一的结果集中，这在用户看来是一个单独的表，这种表称为分区视图，可以提高读取数据库中数据的性能。

2. 视图的缺点

由于视图不能完全等同于实际的数据表，所以视图也存在一些缺陷，主要有以下两点：

(1) 性能不稳定。使用视图访问数据的方法虽然和表相同，但是数据库管理系统处理用户对视图的查询时，必须先将其转换为对底层数据基表的查询。若采取一个相当复杂的多表查询语句定义视图，则在该视图上简单查询转换后实际上是一个很复杂的查询联合体，系统可能需要花费很长的时间来处理查询操作。

(2) 数据更新受限。当用户执行更新视图中的数据操作时，数据库管理系统必须将该操作转换为对数据基本表的更新。对于简单的视图是没问题的，但对复杂的视图就比较麻烦。因为一个数据可能关联到多个数据基表，而不同的数据表对这些数据的更新操作有不同的限制，所以对于较复杂的视图来说，其中的数据通常被限定为“只读”。

三、实战演练

【演练 5-1】　在“hotelBook”数据库中建立一个名为“V_客房简介”的视图，包括客房编号、类型名称(客房)、标准价格、额定人数、客房状态等信息，并检索该视图上的数据。

【演练 5-2】 使用 T-SQL 语言 CREATE VIEW 语句创建一个名为“V_营业额”的加密视图，内容是统计当天所有客房的营业收入总金额，并检索该视图上的数据。

【演练 5-3】 使用 T-SQL 语言 CREATE VIEW 语句创建示例 5-1 中的视图。

四、课后练习

1. 引入视图的主要目的是什么？
2. 简述视图的优点和缺点？
3. 视图在创建时应注意哪些问题？
4. 数据库中只存放视图的____________，而不存放视图对应的数据，这些数据仍存在导出视图的基础表中。
5. 视图是由一个或多个数据表(基本表)或视图导出的__________。
6. 下面(　) 语句是用来创建视图的。

   A．CREATE TABLE　　B．CREATE VIEW

   C．ALTER TABLE　　D．ALTER VIEW
7. 建立视图的哪一个选项，将加密 CREATE VIEW 语句的文本？(　)

   A．WITH UPDATE　　B．WITH READ ONLY

   C．WITH CHECK OPTION　　D．WITH ENCRYPTION
8. 在 CREATE VIEW 命令中哪个选项将强制所有通过视图修改的数据必须满足代码中的______SELECT 语句中指定的选择条件？(　)

   A．WITH CHECK OPTION

   B．WITH READ ONLY

   C．WITH NO UPDATE

   D．没有这样的选项，假如用户对数据表有权限，用户可以更新视图

任务二　管理视图

一、任务演示

【示例 5-3】 使用 T-SQL 语句修改示例 5-1“v_客房信息表”视图，使用其能显示各种房态的客房数，并要求加密，具体的操作步骤如下：

(1) 在 SQL Server Management Studio 查询分析器窗口中运行如下命令：

```
USE  hotelBook
GO
ALTER  VIEW  v_客房信息表
WITH ENCRYPTION
AS
SELECT 客房状态,COUNT(*) AS 客房数 FROM 客房信息表 GROUP BY 客房状态
```

(2) 视图创建成功后，用户可以通过查询语句来检查视图是否建立及视图的返回结果。在 SQL Server Management Studio 查询分析器窗口中运行如下命令：

```
USE   hotelBook
GO
SELECT *   FROM   v_客房信息表
```

运行完毕后，在“结果”面板中返回的结果如图 5-5 所示，表示视图创建成功同时返回相应的视图结果。

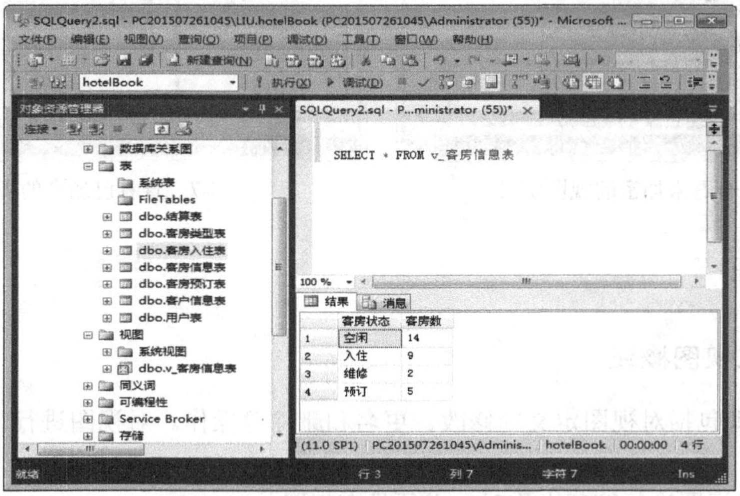

图 5-5　v_客房信息表视图查看返回结果

【示例 5-4】　使用 T-SQL 语句删除[演练 5-2]中的“V_营业额”视图，具体的操作步骤如下：

在 SQL Server Management Studio 查询分析器窗口中运行如下命令：

```
USE hotelBook
GO
--删除之前，建议先判断该视图是否存在。
IF   EXISTS (SELECT * FROM sys.views WHERE object_id = OBJECT_ID('V_营业额'))
DROP VIEW V_营业额
```

【示例 5-5】　使用 SQL Server Management Studio 的“对象资源管理器”删除“V_营业额”视图，具体的操作步骤如下：

(1) 在“对象资源管理器”面板中展开“hotelBook”选项。

(2) 展开“视图”选项，在其详细列表中右击“V_营业额”，在弹出的快捷菜单中选择“删除”选项。

【示例 5-6】　使用系统存储过程 sp_helptext 查看视图的定义信息，具体的操作步骤如下：

在 SQL Server Management Studio 查询分析器窗口中运行如下命令：

```
USE hotelBook
GO
EXEC sp_helptext   'v_客房信息表'
```

运行结果如图 5-6 所示。如果该视图已加密，则将出现如图 5-7 所示的结果。

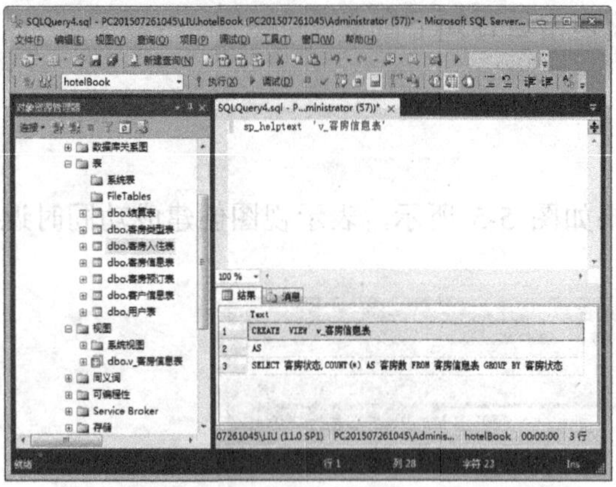

图 5-6　查看未加密的视图定义

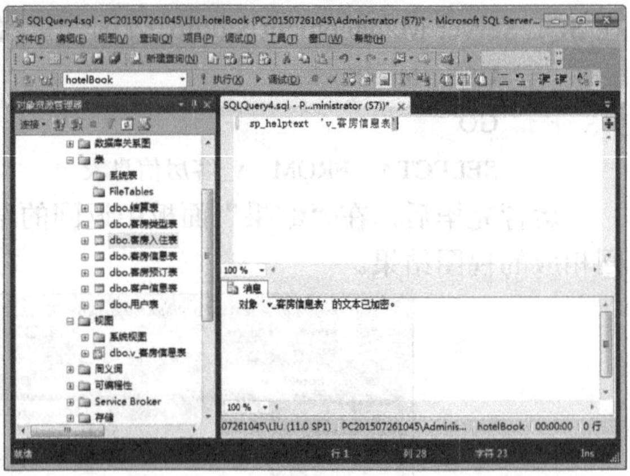

图 5-7　查看已加密的视图定义

二、必备知识

(一) 管理视图概述

视图的管理包括对视图定义的修改、更名和删除等操作。对视图进行管理时，应注意以下几点：

(1) 用户对视图进行管理操作时，必须具有权限。

(2) 删除基本数据表的定义时，视图并不会跟随删除，但无法再正常使用。

(3) 若视图所依赖的基本表结构发生变化，则必须重新创建视图，否则发生变化的字段将不会在视图中体现出来。

(二) 视图的修改、删除和更名

1. 视图的修改

(1) 使用 SQL Server Management Studio 的“对象资源管理器”修改视图。

在 SQL Server Management Studio 的“对象资源管理器”的面板中选择要修改的视图右击，从弹出的快捷菜单中选择“修改”选项，会出现视图的设计窗口，该窗口与创建视图时的窗口相同，可以按照创建视图的方法修改视图的定义。

(2) 使用 T-SQL 语句修改视图。

当视图建立后，可以使用 ALTER VIEW 语句修改视图定义，其语法格式为

```
ALTER VIEW 视图名
[WITH ENCRYPTION]
AS
SELECT 语句
[WITH CHECK OPTION]
```

其结构与 CREATE VIEW 语句相同，其中各选项的含义也与 CREATE VIEW 语句相同。

2．视图的删除

(1) 使用 SQL Server Management Studio 的“对象资源管理器”删除视图。

在 SQL Server Management Studio 的“对象资源管理器”的面板中选择要删除的视图右击，从弹出的快捷菜单中选择“删除”选项即可。

(2) 使用 T-SQL 语句删除视图。

当视图建立后，可以使用 DROP VIEW 语句删除视图，其语法格式为

DROP VIEW 视图名 1，…，视图名 n

使用该语句一次可以删除多个视图。

3．视图的更名

(1) 使用 SQL Server Management Studio 的“对象资源管理器”重命名视图。

在 SQL Server Management Studio 的“对象资源管理器”的面板中选择要更名的视图右击，从弹出的快捷菜单中选择“重命名”选项，或者在视图上再次单击，也可以修改视图的名称。当该视图变成可输入状态时，可以直接输入新的视图名称。

(2) 使用系统存储过程重命名视图。

可以使用系统存储过程 sp_rename 修改视图的名称，该过程的语法格式为

[EXEC] sp_rename 原来的视图名称，新的视图名称

(三) 查看视图的信息

1．查看视图的定义信息

(1) 使用 SQL Server Management Studio 的“对象资源管理器”查看视图的定义信息。

在 SQL Server Management Studio 的“对象资源管理器”的面板中选择要查看的视图右击，从弹出的快捷菜单中选择“修改”选项，如图 5-8 所示。另外，若该视图已加密的话，则无法查看其定义信息。

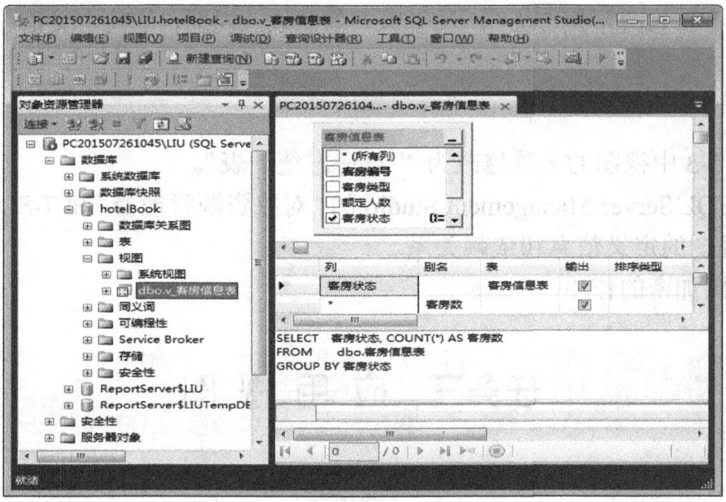

图 5-8 查看视图定义信息

(2) 使用系统存储过程 sp_helptext 查看视图的定义信息，该过程的语法格式为

[EXEC] sp_helptext 视图名

2. 查询视图与其它对象的依赖关系

如果想知道视图的数据来源或需要了解该视图依赖于哪些数据库对象，则需要查看视图与其它数据库对象之间的依赖关系。

(1) 使用 SQL Server Management Studio 的“对象资源管理器”查看视图的依赖关系。在 SQL Server Management Studio 的“对象资源管理器”的面板中选择要查看的视图右击，从弹出的快捷菜单中选择“查看依赖关系”选项，即可弹出对象依赖关系对话框，如图 5-9 所示。

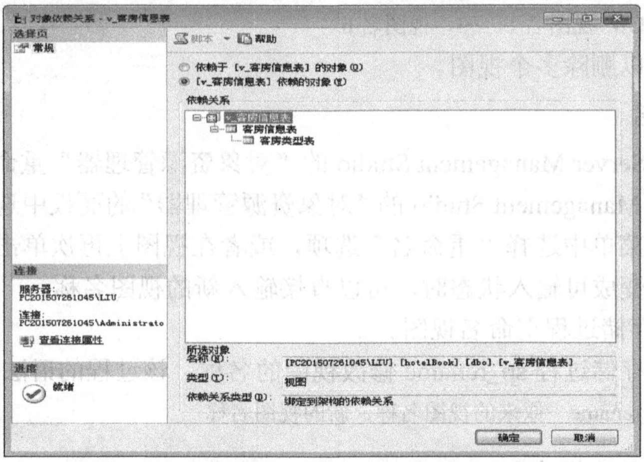

图 5-9　查看视图与其它对象的依赖关系

(2) 使用系统存储过程 sp_depends 查看视图的依赖关系，该过程的语法格式为

[EXEC] sp_depends 视图名

三、实战演练

【演练 5-4】 使用 T-SQL 语句查看“v_入住房客信息表”视图的定义信息和依赖关系。

【演练 5-5】 修改示例 5-2“v_入住房客信息表”视图，使其定义语句处于加密状态。

四、课后练习

1. 将示例 5-3 中视图的名称修改为“V_房态统计表”。

2. 分别用 SQL Server Management Studio 的“对象资源管理器”和 T-SQL 语句查看“V_房态统计表”视图的定义信息和依赖关系。

3. 简述视图加密的作用。

任务三　应用视图

一、任务演示

【示例 5-7】 使用 T-SQL 语句查看“V_房态统计表”视图中客房状态是“维修”的

信息，操作步骤如下：

在 SQL Server Management Studio 查询分析器窗口中运行如下命令：

```
USE hotelBook
GO
SELECT  *
FROM  V_房态统计表
WHERE 客房状态='维修'
```

【示例 5-8】 向演练 5-1“V_客房简介”视图中插入一条客房类型信息，操作步骤如下：

在 SQL Server Management Studio 查询分析器窗口中运行如下命令：

```
USE hotelBook
GO
INSERT INTO V_客房简介(类型名称,标准价格)
VALUES('总统套房',12000)
```

二、必备知识

(一) 使用视图概述

视图的应用一般是指用户可以利用视图进行哪些操作。在视图创建以后，用户可以对视图进行两种操作：一种是查询操作，对视图的查询实际上仍是对基本表进行查询，因此对视图的查询和对基本表的查询操作是一样的；另一种是对视图中的数据进行更新(包括插入、删除和修改)操作，对视图中的记录进行更新操作也是作用在基本表上的。对视图进行查询和更新操作的语法与表的操作完全一样，但对视图进行插入、修改和删除等操作时，不是所有的视图都可以更新，只有对满足可更新条件的视图，才进行更新。

(二) 应用视图时的注意事项

一般情况下，对于经常使用复杂查询以及为保证某些基本表的结构和数据安全时会用到视图。在使用视图修改数据时，必须注意以下几点：

(1) 任何修改(包括添加、删除、修改)都只能引用一个基本表的列。

(2) 不能修改那些通过基表列计算得到结果的列，即视图中的列若属于计算值、内置函数和行集合函数等，不能进行修改。

(3) 如果在创建视图时使用了 WITH CHECK OPTION 选项，那么使用视图修改数据库信息时，必须保证修改后的数据满足定义视图的 SELECT 语句中所设定的条件。

(4) 如果视图引用多个表，则无法用 DELETE 命令删除数据，若使用 UPDATE 命令，则应与 INSERT 操作一样，被更新的列必须属同一个表。

(5) 对于基表中需要更新而又不允许空值的所有列，它们的值在 INSERT 语句或 DEFAULT 子句定义中指定，这将确保基表中所有列都可以获得值。

(6) 在视图中修改列的数据必须符合基表对这些列的约束条件，如是否为空、约束、DEFAULT 定义等。

三、实战演练

【演练 5-6】 实现示例 5-2 “v_入住房客信息表”视图记录，看看会出现什么提示？

【演练 5-7】 用 T-SQL 语句将演练 5-1 “V_客房简介”视图中的普通单人间客房的“应交押金”修改为 300 元。

四、课后练习

1. 对视图进行添加、删除或修改数据时应注意哪些事项？
2. 用 T-SQL 语句创建一个视图，并用语句进行修改、删除操作。

项目六 数据库编程

SQL Server 中的编程语言 T-SQL 是一种结构化的程序设计语言。它对数据库后续的程序开发有着直接的决定因素。根据要实现不同的任务，需要单条 SQL 语句或若干条 SQL 语句组织到一起共同来完成。本章通过相关任务来讲解数据库通用语言——SQL 语言，以及 SQL 语言的增强版 T-SQL 语言的基础知识。本项目共分为四个任务：

(1) T-SQL 语言基本知识。

(2) 使用和定义函数。

(3) 使用流程控制语句。

(4) 事务与游标。

任务一 T-SQL 语言基本知识

一、任务演示

【示例 6-1】 使用 T-SQL 语句创建一个基于客房信息表的视图“v_Test”，然后立即查询视图的内容，操作步骤如下：

在 SQL Server Management Studio 查询分析器窗口中运行如下命令：

```
USE hotelBook
CREATE VIEW   v_Test
AS
SELECT   * FROM  客房信息
SELECT   * FROM   v_Test
```

运行完毕后，在“消息”面板中返回的结果如图 6-1 所示，表示这些语句不能同时执行。

因为 CREATE VIEW 必须是批处理中的唯一语句，所以需要用 GO 命令将 CREATE VIEW 语句与其上、下的语句(USE 和 SELECT)隔离，将上述代码修改为：

```
USE hotelBook
GO
CREATE VIEW   v_Test
```

```
AS
SELECT  * FROM  客房信息
GO
SELECT  * FROM  v_Test
```

图 6-1　T-SQL 语句执行后返回的消息

【示例 6-2】　统计出入住表中当天入住酒店的客户人数，存入变量并输出，操作步骤如下：

在 SQL Server Management Studio 查询分析器窗口中运行如下命令：

```
USE hotelBook
GO
DECLARE @Count int
SELECT @Count=count(*)
FROM  客房入住表
WHERE convert(char(10),入住时间,120)=convert(char(10),getdate(),120)
PRINT @Count  --输出，也可用语句 SELECT @Count
```

运行完毕后，在“消息”面板中返回统计结果。

【示例 6-3】　使用 SELECT 语句查看常量、变量、系统函数，操作步骤如下：

在 SQL Server Management Studio 查询分析器窗口中运行如下命令：

```
SELECT '中国湖南'                          --查看常量
DECLARE @CSCTC nvarchar(10)               --声明局部变量
SET @CSCTC='湖南邮电职业技术学院'           --为局部变量赋值
SELECT @CSCTC                             --查看局部变量
SELECT @@VERSION AS 版本                  --查看全局变量
SELECT @@LANGUAGE AS 语言                 --查看全局变量
SELECT GETDATE() AS 当前时间              --查看系统函数
```

二、必备知识

(一) SQL 和 T-SQL 语言

SQL 的全称是“结构化查询语言(Structured Query Language)”，是一种数据库查询的程序设计语言，用于存取数据以及查询、更新和管理关系数据库系统。最早是 IBM 的圣约瑟研究实验室为其关系数据库管理系统 SYSTEM R 开发的一种查询语言。自从 IBM 公司 1981 年推出以来，SQL 语言因其结构简洁、功能强大、简单易学的特点而得到了广泛的应用。如今无论是像 Oracle、Sybase、Informix、SQL Server 这些大型的数据库管理系统，还是像 Visual Foxpro、PowerBuilder 这些 PC 上常用的数据库开发系统，都支持 SQL 语言作为查询语言。

Transact-SQL(以下简写为 T-SQL)语言作为 Microsoft SQL Server 中使用的语言，是 SQL 语言的一种实现形式，可以看做是 SQL 的加强版。T-SQL 语言除了提供了标准的 SQL 命令外，还对 SQL 命令做了许多扩充，提供了类似 Basic、C 等高级语言的基本功能，包括注释、变量、运算符、函数和流程控制语句等。用户和研发人员可使用标准的关系语句从数据表中查询、更新、插入和删除记录。

(二) 注释符

注释，也称为注解，是写在程序代码中的说明性文字，它们对程序的结构和功能进行文字说明。注释内容不被系统编译，也不被程序执行。在 T-SQL 中可使用以下两类注释符。

(1) 单行注释符：使用两个连在一起的减号“--”作为注释符。

(2) 多行注释符：使用“/*………*/作为注释符，“/*”用于注释文字的开头，“*/”用于注释文字的结尾。

(三) 批处理

批处理就是一个或多个 T-SQL 语句的集合，用户或应用程序将它发送给 SQL Server，由 SQL Server 编译成一个执行单元，此单元称为执行计划，执行计划中的语句每次执行一条。

建立批处理如同编写 SQL 语句，区别在于它是多条语句同时执行的，用 GO 语句作为一个批处理的结束。如果一个批处理中有语法错误，如某条命令的拼写有误，则整个批处理不能成功地编译，也就无法执行。如果批处理中某条语句执行错误，如违反规则，那么它仅影响该语句的执行，并不影响其它语句的执行。

一些 SQL 语句不可以放在一个批处理中进行处理，它们需要遵守以下规则：

(1) 大多数 CREATE 命令要在单个批处理中执行，但 CREATE DATABASE、CREATE TABLE 和 CREATE INDEX 例外。

(2) 调用存储过程时，如果它不是批处理中的第一句，那么在其前面必须加上 EXECUTE 或 EXEC 关键字。

(3) 不能在同一个批处理中更改表，然后引用新列。如不能在修改表的字段名后，在同一个批处理中引用该新字段名等。

(四) 数据类型

数据类型是指用于存储、检索及解释数据值类型的预先定义的命名方法，它决定了数据在计算机中的存储格式，代表不同的信息类型。在 SQL Server 中，数据类型通常指列、存储过程参数和局部变量的数据特征。

在表中创建或者声明一个局部变量时，都必须为它选择一种数据类型，选择数据类型后，就确定了如下特性：

(1) 在列中可以存储何种数据(如数字、字符串、二进制串、位值或日期值等)。

(2) 对于数值或日期数据类型，确定了允许在列中使用值的范围。

(3) 对于字符串和二进制数据类型，确定了允许在列中存储的最大数据长度。

在绝大多数编程环境中，数据类型由系统定义，这一类数据类型通常称为系统数据类型。SQL Server 也支持用户定义的数据类型，但只允许用户通过已有的数据类型来派生，而不是定义一个具有新的存储和检索特性的新类型。SQL Server2012 中的数据类型分为六大类，共 28 种，具体的分类情况如表 6-1 所示。

表 6-1 SQL Server2012 中的数据类型

数据类型分类	数据类型名称	范围及说明	字节数
精确数字	bgint	-2^{63}～$2^{63}-1$(−922 亿亿到 922 亿亿)	8
	it	-2^{31}～$2^{31}-1$(−21 亿到 21 亿)	4
	smallint	-2^{15}～$2^{15}-1$(−32 768 到 32 767)	2
	tinyint	0～255	1
	bit	0、1，用来表示真、假	1
	money	−922 万亿～922 万亿	8
	smallmoney	−214748.3648～214748.3647	4
	decimal	$-10^{38}+1$～$10^{38}-1$，最大位数 38 位	5、9、13 或 17
	numeric		
近似数字	float	−1.79E+308～1.79E+308	4(7)、8(15)
	real	−3.40E+38～3.40E+38	4
日期和时间	datetime	1753.1.1～9999.12.31	8
	smalldatetime	1900.1.1～2079.12.31	4
字符串	char[(n)]	N 的值是 1～8000，固定长度	最长 8000
	varchar[(n)]	n 的值是 1～8000，可变长度	最长 8000
	text	可存储 1～$2^{31}-1$ 个字符，可变长度	
	nchar[(n)]	n 的值是 1～4000，固定长度	最长 8000
	nvarchar[(n|max)]	n 的值是 1～4000，可变长度	$2^{31}-1$
	ntext	可存储 $2^{30}-1$ 个字符，可变长度	
二进制	binary[(n)]	n 的值是 1～8000，固定长度	最长 8000
	varbinary[(n)]	n 的值是 1～8000，可变长度	最长 8000
	image	0～$2^{31}-1$，可变长度	
特殊类型	timestamp	以二进制格式表示 SQL 活动的先后顺序	8
	uniqueidentifier	以十六进制表示一个全局唯一标识	16
	xml	存储 XML 格式文档	2G

(五) 常量和变量

1．常量

常量是一个固定的数据值、标量值或一个代表特定数据值的符号，常量的格式按其所代表数据值的数据类型而不同。常量的值在程序运行过程中是不会改变的。常量按其数据类型划分，主要有以下几种常用类型。

(1) 字符串常量。字符串常量包含在单引号内，由字母、数字和符号(如！、@、和#)组成，如姓名= ‘张三’。

(2) 数值常量。所有的数值型数据，包括有二进制常量、bit 常量、int 常量、float 常量、money 常量以及指定正数和负数等。

(3) 日期时间常量。日期时间常量必须包含在一对单引号中。

2．变量

T-SQL 语句中有两种形式的变量：一种是用户自定义的局部变量；另一种是系统提供的全局变量。

(1) 局部变量。局部变量是用户在程序中定义的变量，一次只能保存一个值，仅用于声明它的批处理、存储过程或触发器中。批处理结束后，存储在局部变量中的值将丢失。局部变量被引用时，要在其名称前加上标识符@，而且必须先用 DECLARE 命令定义后才可以使用，其声明格式如下：

```
DECLARE @variable_name dataType[,@@variable_name dataType…]
```

若要对声明的变量赋值，必须使用 SELECT 或 SET 命令来设定，其语法格式为：

```
SELECT @variable_name=value
SET @variable_name=value
```

(2) 全局变量。全局变量是 SQL Server 系统内部使用的变量，用户不能定义全局变量，也不能修改全局变量的值，其作用范围并不限于某一程序，任何程序均可调用。事实上，在 SQL Server 中，全局变量是一组特定的函数，通常存储一些配置信息和统计数据，它们的名称是以@@开头，而且不需任何参数。

SQL Server 提供了 30 多个全局变量，表 6-2 中列出几个常用的全局变量。

表 6-2 SQL Server 常用全局变量

全局变量名	作用说明
@@CONNECTIONS	返回当前服务器的连接数目
@@ROWCOUNT	返回上一条 T-SQL 语句影响的数据行数
@@ERROR	返回上一条 T-SQL 语句执行后的错误号
@@PROCID	返回当前存储过程的 ID 号
@@SERVICENAME	返回正在运行 SQL Server 服务器所使用的登录表键名
@@SERVERNAME	返回运行 SQL Server 的本地服务器名称
@@VERSION	返回当前 SQL Server 服务器的版本和处理器类型
@@LANGUAGE	返回当前 SQL Server 服务器的语言
@@MAX_CONNECTIONS	返回 SQL Server 上允许的用户同时连接的最大数

(六) 运算符和表达式

运算符是一些符号，它们能够用来执行算术运算、字符串连接、赋值以及在字段、常量和变量之间进行比较。表达式用来表示某个求值规则，它由运算符和配对的圆括号将常量、变量及函数等操作数以合理的形式组合而成。每个表达式都产生唯一的值。在 SQL Server 2012 中，运算符主要分为算术运算符、逻辑运算符、位运算符、字符串运算符、关系运算符等，如表 6-3 所示。

表 6-3　SQL Sever 2012 的运算符

种　类	运 算 符	说　明
算术运算符	%，**	取模，指数
	*，/	乘、除
	+，−	加、减
逻辑运算符	NOT	去相反的逻辑值
	AND	两个值为真，结果为真
	OR	只要一个值为真，就为真
位运算符	&	按位与(两个操作数)
	|	按位或(两个操作数)
	^	按位异或(两个操作数)
字符串连接运算符	+	将两个字符串连接起来
关系运算符	=	等于
	<>, !=	不等于
	>, <	大于，小于
	BETWEEN…AND…	检索量值之间的内容
	<=, >=	小于等于，大于等于
	IN	检索匹配列表中的值
	LIKE	检索匹配字符样式的数据
	IS NULL	检索空数据
赋值运算符	=	将数值指派给特定的对象

算术运算符可以在两个表达式上执行数学运算，这两个表达式可以是数值数据分类的任何数据类型。算术运算符包括加(+)、减(−)、乘(*)、除(/)、指数(**)和取模(%)。

赋值运算符(=)能够将数据指派给特定的对象。

位运算符能够在整型数据或者二进制数据(image 数据类型数据除外)之间执行位操作。

比较运算符用于比较两个表达式的大小或是否相同，其比较的结果是布尔值，即 TRUE(表示表达式的结果为真)，FALSE(表示表达式的结果为假)和 UNKNOWN。除了 text、ntext 或 image 数据类型除外，比较运算符可以用于其他数据类型的比较。

逻辑运算符可以把多个关系表达式连接起来，逻辑运算符包括 AND、OR 和 NOT。逻辑运算符和比较运算符一样，返回带有布尔数据类型的 TRUE 或 FALSE 值。

字符串运算符可以通过加号(+)进行字符串连接，这个加号称为字符串链接运算符，例如对于语句 SELECT 'made in'+'China'，其结果为 made in China。

用运算符将常量、变量、函数连接起来的式子称为表达式。在一个表达式中，算术运算符的优先级由高到低是指数、乘除、求模、加减，在同一级别中则按从左到右的顺序执行。逻辑运算的优先级由高到低是 NOT、AND、OR。

三、实战演练

【演练 6-1】 统计出客房信息表中客房状态为“入住”的客房数，存入变量并输出。

【演练 6-2】 声明 2 个字符串变量，并分别赋值为“中国”和“湖南”，然后利用 print 语句输出。

四、课后练习

1．SQL Server 2000 局部变量名字必须以______开头，而全局变量名字必须以_______开头。

2．SELECT (7-3)*4-17/(4-(8-6))+99%4 的执行结果是____________。

3．对比输出以下表达式的值：10/3，10.0/3，10/3.0。

4．统计结算表中当天的营业收入，存入变量并输出。

任务二　使用和定义函数

一、任务演示

【示例 6-4】 设一个人的出生年月为 1990-10-02，试用 T-SQL 语句输出该人的当前年龄，操作步骤如下：

在 SQL Server Management Studio 查询分析器窗口中运行如下命令：

```
SELECT DATEDIFF(year,'1990-10-02',getdate())
```

【示例 6-5】 创建一个自定义函数“IsChinese”，判断传入的参数是否为纯中文字符串，返回值为“是或否”，操作步骤如下：

在 SQL Server Management Studio 查询分析器窗口中运行如下命令：

```
CREATE FUNCTION IsChinese(@str nchar(255))
returns nchar(1) as
BEGIN
    DECLARE @i tinyint,@j tinyint
    SET @i=len(@str)
    SET @j=1
    while(@j<=@i)
        begin
            if (unicode(substring(@str,@j,1))<256) return '否'
            set @j=@j+1
```

```
        end
      return '是'
END
```

【示例 6-6】 在“hotelBook”数据库中，创建一个自定义函数 GetByCardID。该函数用于接收客户的身份证号，通过查询入住表返回该客户的姓名、入住房号及入住时间，并调用该自定义函数查看结果，操作步骤如下：

在 SQL Server Management Studio 查询分析器窗口中运行如下命令：

```
USE hotelBook
GO
CREATE FUNCTION GetByCardID(@CardID varchar(18))
RETURNS TABLE as
RETURN (SELECT A.姓名,B.房号,B.入住时间
            FROM 客户表 as A,入住表 as B
            WHERE A.客户编号=B.客户编号 AND A.证件号码=@CardID)
GO
SELECT * from GetByCardID('430626198710080068')  --调用自定义函数
```

二、必备知识

在数据库的日常维护和管理中，可以在 T-SQL 语句中使用函数方便地完成一些特殊的运算和操作。函数用函数名来标识，在函数名称后有一对小括号，如 GETTIME()。大部分函数在小括号中需要一个或多个参数。在 SQL Server 中函数可以分为系统内置函数和用户自定义函数。

(一) 系统内置函数

SQL Server 提供了许多内置函数，该类函数用于返回有关 SQL Server 系统、用户、数据库和数据库对象的信息。用户可根据系统函数返回的信息进行不同的操作。下面介绍 T-SQL 语言程序中的常用系统内置函数。

1. 统计函数

统计函数对集合中的数值进行计算，并返回单个计算结果。所有统计函数都具有确定性，任何时候用一组给定的输入值调用它们时，都返回相同的值。统计函数通常和 SELECT 语句中的 GROUP BY 子句一起使用。表 6-4 给出了常用的统计函数。

表 6-4 统 计 函 数

统 计 函 数	功 能
AVG([ALL|DISTINCT]表达式)	计算表达式中各项的平均值
SUM([ALL|DISTINCT]表达式)	计算表达式中所有项的和
MAX([ALL|DISTINCT]表达式)	返回表达式中的最大值
MIN([ALL|DISTINCT]表达式)	返回表达式中的最小值
COUNT({[ALL|DISTINCT]表达式}|*)	返回一个集合中的项数，返回值为整型
COUNT_BIG({[ALL|DISTINCT]表达式}|*)	返回一个集合中的项数，返回值为长整型

2. 数学函数

数学函数用来对数值型数据进行数学运算。表 6-5 给出了常用的数学函数。

表 6-5 数 学 函 数

数 学 函 数	功 能
ABS(数值表达式)	返回表达式的绝对值(正值)
ACOS(浮点表达式)	返回浮点表达式的反余弦值(值为弦度)
ASIN(浮点表达式)	返回浮点表达式的反正弦值(值为弦度)
ATAN(浮点表达式)	返回浮点表达式的反正切值(值为弦度)
ATN2(浮点表达式 1，浮点表达式 2)	返回以弦度为单位的角度，此角度的正切值在所给的浮点表达式 1 和浮点表达式 2 之间
COS(浮点表达式)	返回浮点表达式的三角余弦
COT(浮点表达式)	返回浮点表达式的三角余弦
CEILING(数值表达式)	返回大于或等于数值表达式值的最小整数
DEGREES(数值表达式)	将弧度转换为度
EXP(浮点表达式)	返回数值的指数形式
FLOOR(数值表达式)	返回小于或等于数值表达式值的最大整数，CEILING 的反函数
LOG(浮点表达式)	返回数值的自然对数值
LOG10(浮点表达式)	返回以 10 为底的浮点数的对数
PI()	返回 π 的值 3.141592653589793
POWER(数值表达式，幂)	返回数值表达式的指定次幂的值
RADIANS(数值表达式)	将度转换为弧度，DEGREES 的反函数
RAND([整型表达式])	返回一个 0～1 之间的随机十进制数
ROUND(数值表达式，整型表达式)	将数值表达式四舍五入为整型表达式所给定的精度
SIGN(数值表达式)	符号函数，正数返回 1，负数返回-1,0 返回 0
SQUARE(浮点表达式)	返回浮点表达式的平方
SIN(浮点表达式)	返回角(以弧度为单位)的三角正弦
SQRT(浮点表达式)	返回一个浮点表达式的平方根
TAN(浮点表达式)	返回角(以弧度为单位)的三角正切

3. 字符串函数

字符串函数用于对字符串进行连接、截取等操作。表 6-6 给出了常用的字符串函数。

表 6-6 字符串函数

字符串函数	功 能
ASCII(字符表达式)	返回字符表达式最左边字符的 ASCII 码
CHAR(整型表达式)	将一个 ASCII 码转换为字符，ASCII 码应在 0～255 之间
SPACE(n)	返回 n 个空格组成的字符串，n 是整型表达式的值
LEN(字符表达式)	返回字符表达式的字符(而不是字节)个数，不计算尾部的空格
LEFT(字符表达式，整型表达式)	从字符表达式中返回最左边的 n 个字符，n 是整型表达式的值
RIGHT(字符表达式，整型表达式)	从字符表达式中返回最右边的 n 个字符，n 是整型表达式的值
SUBSTRING(字符表达式，起始点，n)	返回字符串表达式中从“起始点”开始的 n 个字符
STR(浮点表达式[,长度[，小数]])	将浮点表达式转换为所给顶长度的字符串，小数点后的位数由所给出的“小数”决定
LTRIM(字符表达式)	去掉字符表达式的前导空格
RTRIM(字符表达式)	去掉字符表达式的尾部空格
LOWER(字符表达式)	将字符表达式的字母转换为小写字母
UPPER(字符表达式)	将字符表达式的字母转换为大写字母
REVERSE(字符表达式)	返回字符表达式的逆序
REPLACE(字符表达式 1，字符表达式 2，字符表达式 3)	将字符表达式 1 中的字符表达式 2 用字符表达式 3 代替
CHARINDEX(字符表达式 1，字符表达式 2，[开始位置])	返回字符表达式 1 在字符表达式 2 的开始位置，可从所给出的“开始位置”进行查找，如果没指定开始位置，或者指定为负数或 0，则默认从字符表达式 2 的开始位置查找
DIFFERENCE(字符表达式 1，字符表达式 2)	返回两个字符表达式发音的相似程度(0～4)，4 表示发音最相似
PATINDEX PRINT PATINDE(“%模式%”，表达式)	返回指定模式在表达式中的起始位置，找不到时为 0
REPLICATE(字符表达式，整型表达式)	将字符表达式重复整数表达式给出重复的次数
SOUNDEX(字符表达式)	返回字符表达式所对应的 4 个字符的代码
STUFF(字符表达式 1，整型表达式 1，整型表达式 2，字符表达式 2)	将字符表达式 1 的从整型表达式 1 开始到整型表达式 2 为止的字符换成字符表达式 2 的字符
NCHAR(整形表达式)	返回 Unicode 的字符
UNICODE(字符表达式)	返回字符表达式最左侧字符的 Unicode 代码

4．日期时间函数

日期时间函数用来显示日期和时间的信息。它们处理 datetime 和 smalldatetime 的值，并对其进行算术运算。表 6-7 给出了常用的日期时间函数。表 6-8 给出了日期元素及其缩写和取值范围。

表 6-7 日期时间函数

日期函数	功能
GETDATE()	返回服务器的当前系统日期和时间
DATENAME(日期元素，日期)	返回指定日期的名字，返回字符串
DATEPART(日期元素，日期)	返回指定日期的一部分，用证书返回
DATEDIFF(日期元素，日期 1，日期 2)	返回两个日期间的差值并转换为指定日期元素的形式
DATEADD(日期元素，数值，日期)	将日期元素加上日期产生新的日期
YEAR(日期)	返回年份(整数)
MONTH(日期)	返回月份(整数)
DAY(日期)	返回日(整数)
GETUTCDATE()	返回表示当前 UTC 时间(世界时间坐标或格林尼治标准时间)的日期值

表 6-8 日期元素及其缩写和取值范围

日期元素	缩写	取值范围	日期元素	缩写	取值范围
year	yy	1753～9999	hour	hh	0～23
month	mm	1～12	minute	mi	0～59
day	dd	1～31	quarter	qq	1～4
day of year	dy	1～366	second	ss	0～59
week	wk	0～52	millisecond	ms	0～999
weekday	dw	1～7			

5．类型转换函数

一般情况下，SQL Server 会自动处理某些数据类型的转换。例如，如果比较 char 和 datetime 表达式、smallint 和 int 表达式或不同长度的 char 表达式，SQL Server 可以将它们自动转换，这种转换称为隐式转换。但是，无法由 SQL Server 自动转换或者 SQL Server 自动转换的结果不符合预期结果，就需要使用转换函数作显示转换。转换函数有两个：CAST 和 CONVERT。

CAST 函数允许把一个数据类型强制转换为另一种数据类型，其语法形式为：

```
CAST (expression AS data_type)
```

CONVERT 函数允许用户把表达式从一种数据类型转换为另一种数据类型，还允许把日期转换成不同的样式，其语法形式为：

```
CONVERT (data_type[(length)],expression [,style])
```

其中，style 选项能以不同的格式显示日期和时间。如果将 datetime 或 smalldatetime 转换为字符数据，style 用于给出转换后的字符格式。日期样式 style 的取值如表 6-9 所示。

表 6-9 style 参数取值表

不带世纪(yy)	带世纪(yyy)	标　准	输出格式
-	0 或者 100	默认值	mon dd yyyy hh:miAM(或 PM)
1	101	美国	mm/dd/yyyy
2	102	ANSI	yy.mm.dd
3	103	英国/法国	dd/mm/yy
4	104	德国	dd.mm.yy
5	105	意大利	dd-mm-yy
6	106	—	dd mon yy
7	107	—	mon dd,yy
8	108	—	hh:mi:ss
—	9 或者 109	默认值+毫秒	mon dd yyyy hh:mi:ss:msAM(或 PM)
10	110	美国	mm-dd-yy
11	111	日本	yy/mm/dd
12	112	ISO	yymmdd
—	13 或者 113	欧洲+毫秒	dd mon yyyy hh:mi:ss:ms(24h)
14	114	—	hh:mi:ss:ms(24h)
—	120	中国	yyyy-mm-dd

(二) 用户自定义函数

SQL Server 不但提供了系统内置函数，还允许用户创建用户自定义的函数，来补充和扩展系统支持的内置函数。用户自定义函数是由一个或多个 T-SQL 语句组成的子程序，一般是为了方便重用而创建的。SQL Server 支持三种类型的用户自定义函数：标量函数、内嵌表值函数、多语句表值函数。

1. 用户自定义函数的创建

1) 标量函数

标量函数返回 RETURNS 子句中定义的类型的值，RETURN 子句返回单个数据值，如同使用系统内置的函数一样，创建的语法格式为

```
CREATE FUNCTION [所有者.]函数名([@参数[…n]])
RETURNS 返回参数的类型 AS
BEGIN
    函数体
    RETURN 标量表达式
END
```

2) 内嵌表值函数

内嵌表值函数是返回一个 SELECT 语句查询结果的表。内嵌表值函数可用于实现参数化视图的功能。这种类型的函数在使用参数和扩展索引视图方面提供了比视图更多的灵活性，创建的语法格式为：

```
CREATE  FUNCTION  [所有者.]函数名([@参数[…n]])
RETURNS TABLE AS
RETURN  SELECT 查询语句
```

2．用户自定义函数的调用

标量函数在表达式中调用，内嵌表值函数在 SELECT 语句的 FROM 子句中调用。在调用函数时一般要指明函数的所有者和函数的名称。

【示例 6-7】 调用示[例 6-5]中的自定义函数 IsChinese，其调用方法如下：

```
SELECT dbo.IsChinese('测试')
```

3．用户自定义函数的修改

对自定义函数的修改，可以通过 SQL Server Management Studio 管理器或 T-SQL 语句进行修改。其中，使用 SQL Server Management Studio 管理器修改自定义函数与修改其它数据库对象类似。使用 T-SQL 语句修改自定义函数的语法格式类同 CREATE FUNCTION，即 CREATE 换成 ALTER。

4．用户自定义函数的删除

对自定义函数的删除，可以通过 SQL Server Management Studio 管理器或 T-SQL 语句进行删除。其中，使用 SQL Server Management Studio 管理器删除自定义函数与删除其它数据库对象类似。使用 T-SQL 语句删除自定义函数的语法格式为：

```
DROP FUNCTION [所有者.]函数名[,…]
```

三、实战演练

【演练 6-3】 按要求输出当前系统日期和时间。输出格式有：只带日期部分(yyyy-mm-dd)、只带时间部分(hh:mm:ss)、含日期及时间(yyyy-mm-dd hh:mm:ss)、含日期、时间及星期。

【演练 6-4】 创建一个自定义函数 GetByRoomID，输入参数为客房编号，返回当前客房编号的入住历史信息。

四、课后练习

1．语句 SELECT DATENAME(dw,getdate())的执行结果是____________。

2．语句 select day('2016-4-6')的执行结果是__________，len('我们快放假了') 的执行结果是__________。

3．用日期时间函数求距离今天 100 天后的日期的语句。

4．SELECT (7-3)*4-17/(4-(8-6))+99%4 的执行结果是____________。

5．返回字符‘A’的 ASCII 代码值。

6．返回字符串“Intel 奔腾 586”中字符“奔”的位置。
7．将字符串“A，B，C，D”中的“，”用“*”替换，生成如“A*B*C*D”字符串效果。
8．自定义函数 Customer，输入客户编号，返回客户姓名和联系电话。

任务三　使用流程控制语句

一、任务演示

【示例 6-8】　根据“酒店客房管理系统”的结算表，查询当天的营业收入是否超过 2 万元，同时输出实际营业收入，操作步骤如下：

在 SQL Server Management Studio 查询分析器窗口中运行如下命令：

```
USE [hotelBOOK]
GO
DECLARE @income Decimal(10,2)
SELECT @income=SUM(实收金额) FROM 结算表
WHERE convert(char(10),结算时间,120)=convert(char(10),getdate(),120)
IF (@income>=20000)
    BEGIN
        PRINT '今天的营业收入已达到 2 万元.'
    END
ELSE
    BEGIN
        PRINT '今天的营业收入不足 2 万元.'
    END
PRINT '实际营业收入是'+convert(varchar(10),@income)+'元。'
```

【示例 6-9】　使用 WHILE 循环语句编辑：求 1+2+3+…+100 之和，操作步骤如下：

在 SQL Server Management Studio 查询分析器窗口中运行如下命令：

```
DECLARE @SUM INT,@i INT
SET @SUM=0
SET @i=1
WHILE @i<=100
    BEGIN
        SET @SUM=@SUM+@i
        SET @i=@i+1
    END
PRINT '1+2+3+...+100 之和是：'+str(@SUM)
```

【示例 6-10】 查询客户部分信息，并使用 CASE 语句将性别的“男”和“女”，分别用“男生”和“女生”代替，操作步骤如下：

在 SQL Server Management Studio 查询分析器窗口中运行如下命令：

```
SELECT 客户编号,姓名, 性别=
       CASE 性别
              WHEN '男' THEN '男生'
              WHEN '女' THEN '女生'
       END
FROM 客户表
```

二、必备知识

流程控制语句是指用来控制程序执行和流程分支的命令。在 SQL Server 中，流程控制语句主要用来控制 SQL 语句或语句块的执行顺序，使用流程控制语句可以提高编程语言的处理能力、程序的结构性和逻辑性，并可以完成较为复杂的操作，在存储过程、触发器中比较有用。下面介绍 SQL Server 中常用的几种流程控制语句。

1. BEGIN…END 语句

BEGIN…END 语句用于将多条 T-SQL 语句组成一个语句块，这个程序块在程序执行过程中作为一个整体执行。当流程控制语句必须执行一个包含两条或者两条以上的 T-SQL 语句的语句块时，通常使用 BEGIN…END 语句将这些语句组合在一起。BEGIN…END 语句的语法格式为：

```
BEGIN
    {命令行|程序块}
END
```

说明：BEGIN 语句和 END 语句必须成对使用，不能单独使用。在一个 BEGIN…END 语句中可以包含另一对 BEGIN…END 语句，即 BEGIN…END 语句允许嵌套。

2. IF…ELSE 语句

IF…ELSE 语句是条件判断语句，当条件表达式成立时执行某段程序，条件不成立时执行另一段程序。其中，ELSE 子句是可选的，如果没有 ELSE 子句，当条件不成立时什么也不做。SQL Server 允许嵌套使用 IF…ELSE 语句，而且嵌套层数没有限制。IF…ELSE 语句的语法形式为：

```
IF<条件表达式>
 {命令行 1|程序块 1}
ELSE
  {命令行 2|程序块 2}
```

3. CASE 语句

CASE 语句用于多重选择的情况，可以根据条件表达式的值进行判断，并将其中一个满足条件的结果表达式返回。CASE 语句按照使用形式的不同，可以分为简单 CASE 语句和搜索 CASE 语句。

(1) 简单 CASE 语句。简单 CASE 语句的语法形式为：

```
CASE 测试表达式
     WHEN 测试值 1  THEN  结果表达式 1
     WHEN 测试值 2  THEN  结果表达式 2
     WHEN 测试值 3  THEN  结果表达式 3
       ……
   [ELSE  结果表达式 n]
END
```

简单 CASE 语句的执行过程为：先计算 CASE 后面的表达式的值，然后将其与 WHEN 后面的测试值逐个进行比较，若相等则返回 THEN 后面的结果表达式，否则返回 ELSE 后面的结果表达式。

(2) 搜索 CASE 语句。搜索 CASE 语句的语法形式为：

```
CASE
     WHEN 测试值 1  THEN  结果表达式 1
     WHEN 测试值 2  THEN  结果表达式 2
     WHEN 测试值 3  THEN  结果表达式 3
   ……
   [ELSE  结果表达式 n]
END
```

搜索 CASE 语句的执行过程为：语句从上至下依次执行，如果 WHEN 后面的测试值为真，则返回 THEN 后面的结果表达式。若然 WHEN 后面的测试值为假，则判断下一个 WHEN 后面的测试值，依次类推。如果所有 WHEN 后面的测试值都为假，则返回 ELSE 后面的结果表达式。

4．WHILE 语句

WHILE 语句的作用是为重复执行某一语句或语句块设置条件，其语法格式为：

```
WHILE 条件表达式
     SQL 语句|语句块
```

说明：在语句块中可以使用 BREAK、CONTINUE 语句，其中 BREAK 语句的作用是跳出循环之后执行，而 CONTINUE 语句的作用是转到循环开始之处执行。

三、实战演练

【演练 6-5】 判断当前数据库服务器中是否存在“入住历史表”。如果不存在，则创建该表，其表结构与“入住表”相同；如果已存在，则查询显示出该表所有记录。

【演练 6-6】 创建一个 SQL Server 考试成绩表，字段包括学号、姓名、成绩三个字段，试用 CASE 语句根据成绩输出考试等级(成绩>=90 为“优”；成绩在 80～90 之间为“良”；成绩在 70～80 之间为“中”；成绩在 60～70 之间为“及格”；成绩在 60 分以下为“不及格”)。

四、课后练习

1．编程：求 1～100 之间的偶数之和，并输出。

2．设客房状态代码与客房状态名称如表 6-10 所示，试用 CASE 语句编写客房状态代码转换为名称的程序。

表 6-10 客房状态代码与客房状态名称

客房状态代码	客房状态名称
1	空闲
2	入住
3	预订
4	维修

任务四 事务与游标

一、任务演示

【示例 6-11】 显式事务模式的案例，操作步骤如下：

在 SQL Server Management Studio 查询分析器窗口中运行如下命令：

```
CREATE TABLE TEST
( 职员编号 varchar(12)   primary key,
  姓名 varchar(10),
  性别 varchar(2)   check(性别 in('男','女')),
  职务 varchar(10))
GO
set xact_abort on --当事务中有任一条语句出错取消时，取消整个事务
BEGIN TRANSACTION
insert into 职员表 values('ZY001','张家学','男','主管')
insert into 职员表 values('ZY002','刘虹','女','领班')
insert into 职员表 values('ZY003','张小军','南','保安')
insert into 职员表 values('ZY004','李煜环','女','服务员')
IF @@error=0
    COMMIT TRAN        --提交事务
ELSE
    ROLLBACK           --回滚事务
GO
select * from TEST
```

运行结果：第 3 条插入性别字段出错时，取消整个事务执行，结果如图 6-2 所示。

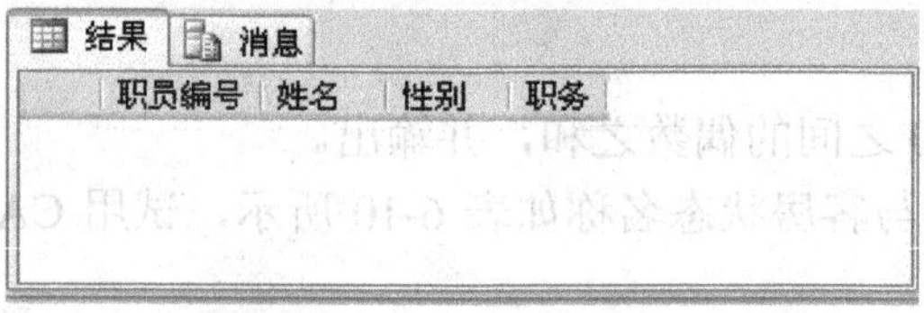

图 6-2　上述代码的查询结果

【示例 6-12】　使用游标从用户表中逐行提取记录，操作步骤如下：

在 SQL Server Management Studio 查询分析器窗口中运行如下命令：

```
USE hotelBook
GO
DECLARE C_Users CURSOR FOR SELECT * FROM 用户表          --声明游标
OPEN C_Users                                              --打开游标
FETCH NEXT FROM C_Users                                   --提取数据
WHILE @@FETCH_STATUS =0                                   --循环提取数据
   FETCH NEXT FROM C_Users
CLOSE C_Users                                             --关闭游标
DEALLOCATE C_Users                                        --释放游标
```

【示例 6-13】　使用游标修改入住备份表中的第 2 行操作员为“李佳莹”，操作步骤如下：

在 SQL Server Management Studio 查询分析器窗口中运行如下命令：

```
USE hotelBook
GO
select * into 入住备份表 from  入住表                     --生成一张入住备份表
GO
declare c_rjb cursor  for select * from 入住备份表        --声明游标
open  c_rjb                                               --打开游标
fetch c_rjb                                               --提取第一行数据
fetch c_rjb                                               --提取第二行数据
update 入住备份表 set 操作员='李佳莹' where current of c_rjb  --修改当前行
close c_rjb                                               --关闭游标
deallocate c_rjb                                          --释放游标
GO
```

二、必备知识

(一) 事务处理

1. 事务的概念

SQL Server 的事务分为两种类型，分别是系统提供的事务和用户自定义的事务。系统提供的事务是指在执行某些语句时，这些语句中的每一条语句就是一个事务，它的数据对象可能是一个或多个表或视图，也可能是表或视图中的一行或多行数据。本节主要阐述的是用户自定义事务。

用户自定义事务是以 BEGIN TRANSACTION 语句开始，之后是一系列的数据操作语句，最后再以 COMMIT 或 ROLLBACK 语句结束的语句单元块。这个单元块中的语句是一个整体，不能分割，要么都执行，要么都不执行，绝不能只完成了部分操作，而还有一些操作没有完成。事务中任何一个语句执行时出错，系统都会返回到事务开始前的状态。如银行转账工作，从一个账号扣款并使另一个账号增款，这两个操作要么都被执行，要么都不被执行。所以，应该把它们看成一个事务。

2. 事务的管理

(1) 事务开始语句如下：

```
BEGIN   TRANSACTION
```

(2) 事务结束语句。有两种语句可以结束事务，一种是用 Commit 语句，另一种是用 Rollback 语句。

3. 事务的模式

SQL Server 中的事务有三种模式：显式事务、隐性事务和自动提交事务。

(1) 显式事务：显式事务是指用 BEGIN TRANSACTION 语句定义事务开始，用 COMMIT 或 ROLLBACK 语句定义事务结束的事务，即可以由用户在其中定义事务的启动和结束。

(2) 隐性事务：隐性事务是用 set implicit_transactions on 不明显地定义事务开始，用 commit 或 rollback 语句明显地定义事务结束的事务。

(3) 自动提交事务：在 SQL Server 中，set implicit_transactions 设置为 off 时，SQL Server 在前一条语句完成时自动启动新事务开始。在自动事务模式下，每个 T-SQL 语句在成功执行完成后，都被自动提交；如果遇到错误，则自动回滚该语句。每条单独的 T-SQL 语句都是一个事务，这就是自动提交事务模式，该模式为系统默认的事务管理模式。

4. 事务的特性

事务作为一个逻辑工作单元，其中包括一系列的操作，这些操作语句将被作为一个整体进行处理。当事务执行遇到错误时，将取消事务做的所有操作，具有以下特性：

(1) 原子性：是指事务必须执行一个完整的工作，该工作可以看做是一个单位，即原子单位，其所进行的工作要么全部执行，要么全部不执行。

(2) 一致性：事务结束时，必须使所有数据处于一致性状态。数据库处于一致性状态是指数据库中的数据满足各种完整性规则。在相关数据库中，事务必须遵守数据库的约束和规则要求，以保持所有数据的完整性。

(3) 独立性：为了提高事务的吞吐率，大多数 DBMS 允许同时执行多个事务，就像分时操作系统为了充分利用系统资源，同时执行多个进程一样。一个事务所做的修改必须与其他事务所做的修改隔离。事务查看数据所处的状态，要么是另一并发事务修改它之前的状态，要么是另一事务修改它之后的状态，事务不会查看中间状态的数据。

(4) 持久性：一个事务一旦完成了全部操作，它对数据库的所有更新操作的结果应反映到数据库中。事务完成后，其对数据库的修改将永久保持。

事务的这四个特性一般简称为事务的 ACID 特性，对数据库中的数据保护是围绕着实现事务的特性而达到的。

(二) 游标

1. 游标的概念

游标，顾名思义就是游动的光标，游标是一种处理数据的方法，一种能从包括多条数据记录的结果集中每次提取一条记录的机制。

游标总是与一条 SELECT 语句相关联，它使用户可逐行访问由 SQL Server 返回的结果集。可以把游标看成一种指针，它既可以指向当前位置，也可以指向结果集中的任意位置，它允许用户对指定位置的数据进行处理，可以把结果集中的数据放在数组、应用程序中或其他地方。

T-SQL 语言可以被认为是一种面向集合的语言，它对数据库中数据的操作是面向集合的操作。所谓面向集合的操作是指对所有的限定行执行一个特定的动作。实际上，某些业务规则要求对结果集逐行执行操作，而不是对整个结果集执行操作。游标正是这样一种基于逐行操作结果集的技术方法，它对 SELECT 语句的查询结果集中的记录行逐行处理，而不是整个结果集作同一处理，并基于游标的当前位置，更新或删除表或视图中的行。

2. 游标的使用

一般情况下，游标的使用应遵循以下步骤，如图 6-3 所示。

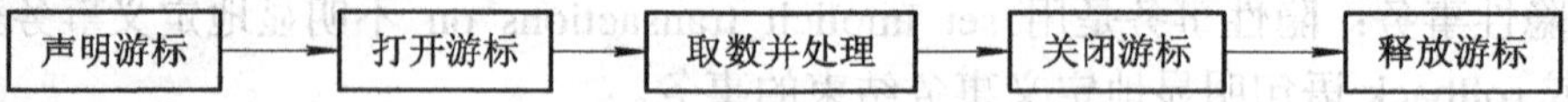

图 6-3 游标使用的步骤

每个游标的使用过程必须有五个关键部分组成，这个五个部分的顺序依次为：声明游标、打开游标、从游标中提取数据、关闭和释放游标。

(1) 声明游标。声明游标的语法形式为：

```
DECLARE 游标名 CURSOR
[ LOCAL | GLOBAL ]
[ FORWARD_ONLY | SCROLL ]
[ STATIC | KEYSET | DYNAMIC | FAST_FORWARD ]
[ READ_ONLY | SCOLL_LOCKS | OPTIMISTIC ]
FOR SQL 语句
[ FOR UPDATE [ OF 列名 [,…… N] ] ]
```

参数说明：

游标名：为游标名称，其命名必须符合标识符规则。

SQL 语句：为定义游标结果集的查询语句，它可以是一个完整的 SELECT 语句，这个 SELECT 语句必须有 FROM 子句，且不能包含 COMPUTE、INTO 子句。

LOCAL：指定该游标的作用域对在其中创建它的批处理、存储过程或触发器是局部的。

GLOBAL：指定该游标的作用域对连接是全局的。在由连接执行的任何存储过程或批处理中，都可以引用该游标。该游标仅在连接断开时自动释放。

FORWARD_ONLY：只能前进，仅支持 next 提取选项。

SCOLL：滚动，支持所有提取选项。

STATIC：静态，游标打开时在 tempdb 创建一个临时表保存结果集，供用户游标提取，不允许通过静态游标修改记录。

DYNAMIC：动态，行的值、顺序等在每次提取都可能因其它用户的更改而变动。不支持 absolute 提取选项。

KEYSET：键集，游标打开时在 tempdb 创建一个名为 keyset 的表，用来记录游标结果集中每条记录的关键字段的值和顺序。

FAST_FORWARD：快速向前，是性能优化的 FORWARD_ONLY、READ_ONLY 游标。

READ_ONLY：只读，在 update 或 delete 语句的 where current of 子句不能引用游标。

SCOLL_LOCKS：滚动锁定，当滚动记录指针提取当前记录时，系统将会锁定该行，确保通过游标进行定位更新或删除成功。

OPTIMISTIC：行自从被读入游标以来，如果已修改该行，尝试进行行的定位更新或定位删除将失败。

FOR UPDATE [OF 列名 [,…… N]]：修改，定义游标内可更新的列。

(2) 打开游标。打开游标的语法形式为：

```
OPEN 游标名
```

该语句打开已被声明的游标，分析定义这个游标的 SQL 语句，并使结果集对于处理是可用的。其中，游标名是一个已声明的尚未打开的游标名。打开游标时需遵循以下规则：

① 当游标打开成功时，游标指针指向结果集的第一行。

② 打开游标后，如果@@error=0，表示游标打开操作成功。

③ 打开游标后，可用@@cursor_rows 返回游标记录数：

-m：游标被异步填充，返回值(-m)是键集中当前行数。

-1：游标为动态，符合条件记录的行数不断变化。

0：没有符合条件的记录、游标没打开、已关闭或被释放。

n：游标已完全填充，返回值(n)是游标中的总行数。

(3) 提取数据，并进行数据处理。该项操作是游标处理的核心工作，打开已经被声明的游标后，游标指针位于结果集的第一行，由此可以从结果集中提取 FETCH 指向的第一行。可以沿着结果集一行或多行地向下移动游标指针，不断提取结果集中的数据，并修改和保存游标当前的位置，直到结果集中行被全部提取。

① 提取数据的语法格式如下：

```
FETCH [[ NEXT | PRIOR | FIRST | LAST |ABSOLUTE N | RELATIVE N]
FROM ] [ GLOBAL ] 游标名
[ INTO @变量名 [,……N ] ]
```

其中：

FIRST：移动到第一行，并将其作为当前行。

NEXT：移动到下一行，并将其作为当前行，该选项为默认项。

PRIOR：移动到上一行，并将其作为当前行。

LAST：移动到最后一行，并将其作为当前行。

ABSOLUTE N：若 N>0，移动从第一行，开始到正数的第 N 行，并将其作为当前行。若 N<0，移动从最后一行开始到倒数的第 N 行，并将其作为当前行。

RELATIVE N：若 N>0，移动从当前行开始到正数的第 N 行，并将其作为当前行。若 N<0，移动从当前行开始到倒数的第 N 行，并将其作为当前行。

游标名：为已经声明并被打开的游标名。

INTO @变量名 [,……N]：将提取的值存入到局部变量中。但必须先声明该局部变量的类型和宽度，且必须与 select 语句中指定的列的顺序、类型和宽度相同。

注意：

- 默认情况下，每次 FETCH 语句只返回结果集中的一行。
- 游标指针确定了结果集中哪一行可以被提取，如果游标方式为 FOR UPDATE，也就确定了哪一行可以被更新或删除。
- 可用@@FETCH_STATUS 保存着最后 FETCH 语句执行后的游标状态信息。状态值为 0 表示成功地读取行；状态值为 -1 表示读取操作已超出了结果集；状态值为 -2 表示行在表中不存在。

② 使用游标进行数据处理。UPDATE 和 DELETE 都是集合操作语句，如果只想修改或删除其中某个记录，则需要用带游标的 SELECT 语句查出所有满足条件的记录，从中进一步找出要修改或删除的记录，然后用 CURRENT 形式的 UPDATE 和 DELETE 语句修改或删除。

通过在 DELETE 语句中使用游标可以删除(DELETE)表或视图中的行。被删除的行依赖于游标指针的当前值(FETCH 行集合中的当前行)，其部分语法形式为：

```
DELETE  [FROM] 表名|视图名  WHERE CURRENT OF 游标名
```

注意：

- 使用游标的 DELETE 语句，一次只能删除游标指针指向的那一行。0PEN 语句将游标指针定位在结果集的第一行，可以用一个或多个 FETCH 语句把游标指针定位在要被删除的行。
- 在 DELETE 语句中使用的游标必须声明为 FOR UPDATE 方式。声明游标的 SELECT 语句中不能含有连接操作或涉及多表视图，否则即使声明中指明了 FOR UPDATE 方式，也不能删除其中的行。
- 对使用游标删除行的表，要求有一个唯一索引。
- 使用游标的 DELETE 语句，删除一行后将游标指针向前移动一行。

通过在 UPDATE 语句中使用游标可以更新(UPDATE)表或视图中的行。被更新的行依赖于游标指针的当前值(FETCH 结果集中的当前行)，其部分语法形式为：

```
UPDATE 表名|视图名 SET 字段名=值 [,……N] Where CURRENT OF 游标名
```

(4) 关闭游标。关闭游标是停止处理定义游标的查询。关闭游标并不改变它的定义，随后可以再次用 OPEN 语句打开它，SQL Server 会用该游标的定义重新创建这个游标的一个结果集。关闭游标的语法形式为：

```
CLOSE 游标名
```

当退出当前 SQL Server 会话或者从声明游标的存储过程中返回时，SQL Server 会自动

关闭已打开的游标。

(5) 释放游标。释放游标将释放所有分配给此游标的资源，包括该游标的名字。释放游标的语法是：

```
DEALLOCATE CURSOR 游标名
```

如果释放一个已打开、未关闭的游标，SQL Server 会自动先关闭这个游标，然后再释放它。关闭游标并不改变游标的定义，可以不用再次声明一个被关闭的游标而重新打开它。但是，释放游标就释放了与该游标有关的一切资源，也包括游标的声明，所以就不能再使用该游标了。

3．游标的优点

游标具有以下几个优点：

(1) 允许程序对由查询语句 SELECT 返回的结果集中的每一行执行相同或不同的操作，而不是对整个结果集执行同一个操作。

(2) 提供对基于游标位置的表中的行进行删除和更新的能力。

(3) 游标实际上作为面向集合的数据库管理系统(RDBMS)和面向行的程序设计之间的桥梁，使这两种处理方式通过游标沟通起来。

三、实战演练

【演练 6-7】 试用以隐性或自定义提交事务修改示例 6-11 中的部分代码，看看运行结果有什么区别？

【演练 6-8】 使用游标全局变量@@cursor_rows 获取“客房信息”表中的记录数并输出。

【演练 6-9】 使用游标删除入住备份表中的第 2 行的数据。

四、课后练习

1．什么是事务？如果要取消一个事务，使用什么语句？

2．什么是游标？

3．简述使用游标的步骤？

4．关闭游标和释放游标的区别是什么？

5．事务(Transaction)可以看成是由对数据库若干操作组成的一个单元，这些操作要么__________，要么__________(如果在操作执行过程中不能完成其中任一操作)。

6．事务的四种特性分别是__________、__________、__________和__________。

7．判断使用 FETCH 语句读取数据是否成功的全局变量是__________。

8．使用游标对基本表进行修改和删除操作的语句中，WHERE 选项的格式为“WHERE __________OF__________”。

9．结束并提交事务的语句是(　　)。

A．Rollback TRAN　　B．Commit TRAN

C．Begin　TRAN　　D．save TRAN

10. 下列(　　)不是 SQL Server 中的事务模式。

A. 显式事务　　　　B. 隐性事务

C. 自动提交事务　　　　D. 默认事务

11. 每次执行使用游标的取数、修改或删除操作的语句时，能够对表中的(　　)条记录进行操作。

A. 1 条　　　　B. 2 条

C. 无数条　　　　D. 表中记录总数

项目七 应用存储过程

数据库开发人员在进行数据库开发时，为了实现特定功能，要编写一些T-SQL语句，但这些T-SQL语句执行后，如果需要再次使用该功能，需重新编写相同的T-SQL语句。另外，这些T-SQL语句经常需要通过传输途径抵达服务器，运行效率低且存在安全隐患。使用存储过程(Stored Procedure)可以解决这些问题。本项目通过三个任务来介绍存储过程的创建、管理和应用。

(1) 创建和执行用户存储过程。

(2) 管理存储过程。

(3) 应用存储过程。

任务一 创建和执行用户存储过程

一、任务演示

【示例 7-1】 在“hotelBook”数据库中创建名为“pro_cust_sel1”的存储过程，查询客户表中的客户编号、姓名、性别、证件号码、联系电话、工作单位信息。

分析：任务中未指定任何条件，执行存储过程都是查询所有客户信息，所以属于不带参数的存储过程。存储过程功能主要是查询客户信息，所以存储过程体的语句为：SELECT 客户编号, 姓名, 性别, 联系电话, 工作单位 FROM 客户表，操作步骤如下：

(1) 编码：在“Microsoft SQL Server Management Studio”窗口中，单击“新建查询”按钮，在弹出的“查询”窗口中编写存储过程代码，界面截屏如图 7-1 所示。

```
USE hotelBook
GO
-- ================================================
-- Author:        <HawkTang>
-- Create date: <Create Date 2016-04-10>
-- Description:   <查询客户表中的客户编号、客户姓名、性别、
--  联系电话、工作单位。>
-- ================================================
```

```
CREATE PROCEDURE pro_cust_sel1
AS
BEGIN
    -- Insert statements for procedure here
    SELECT 客户编号,客户姓名,性别,联系电话,工作单位
    FROM 客户信息表
END
GO
```

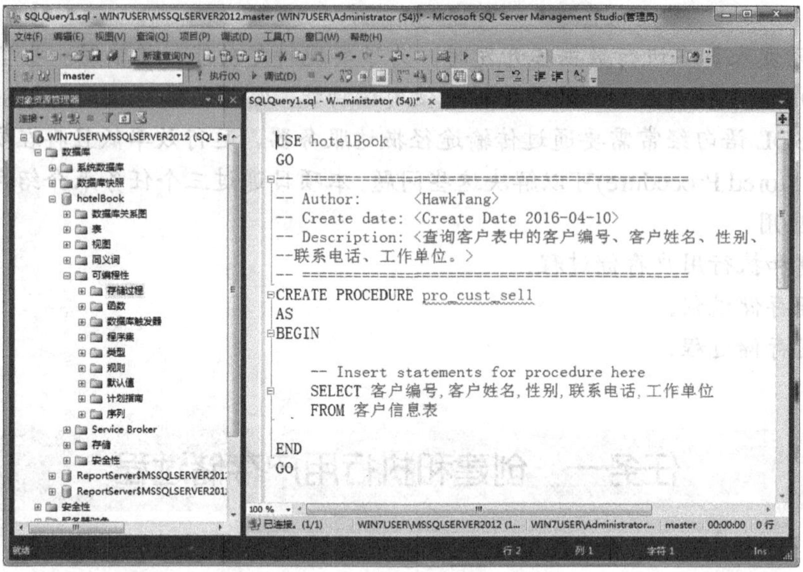

图 7-1 编写存储过程代码

(2) 创建：单击“执行”按钮，完成存储过程的创建，在对象资源管理器中的“数据库”->“hotelBook”->“可编程性”->“存储过程”节点下，点击鼠标右键菜单“刷新”，可看见新创建的存储过程，存储过程的名称为“pro_cust_sel1”，如图 7-2 所示。

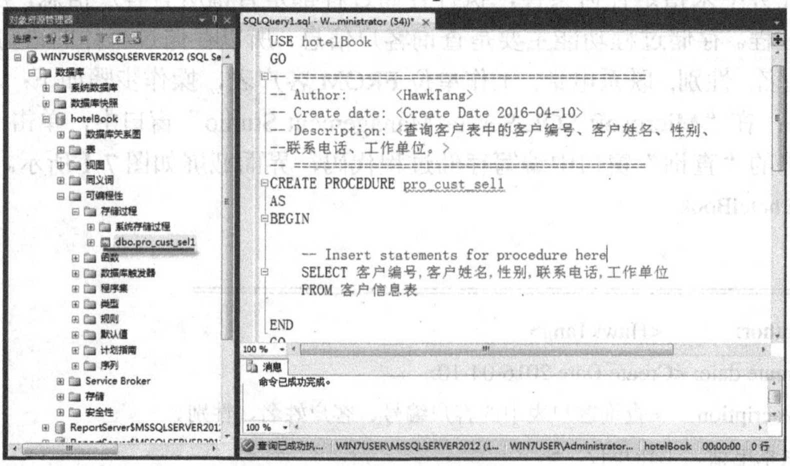

图 7-2 新创建的存储过程

(3) 执行：在“查询”窗口中，编写执行存储过程的代码，单击“执行”按钮，执行存储过程并显示查询结果，如图 7-3 所示。

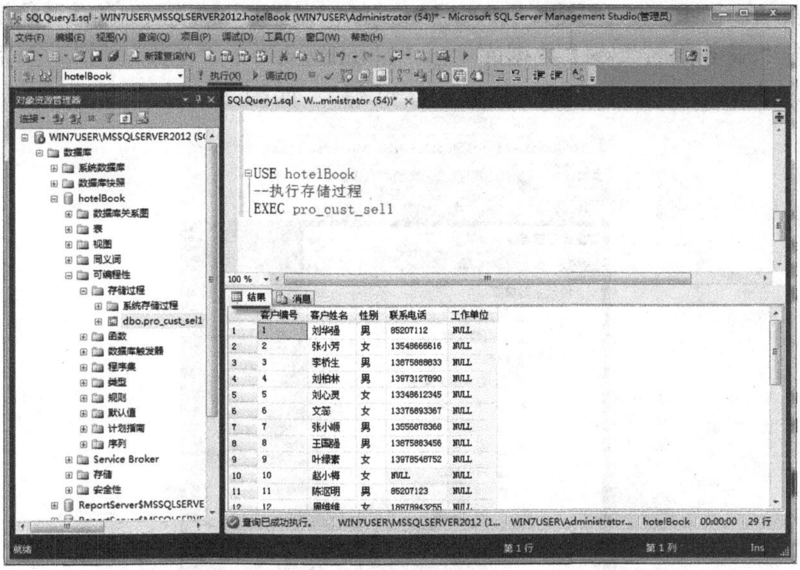

图 7-3　执行存储过程

(4) 保存：在步骤(1)编写的存储过程代码按规范文件命名保存至工作目录下，如图 7-4 所示。

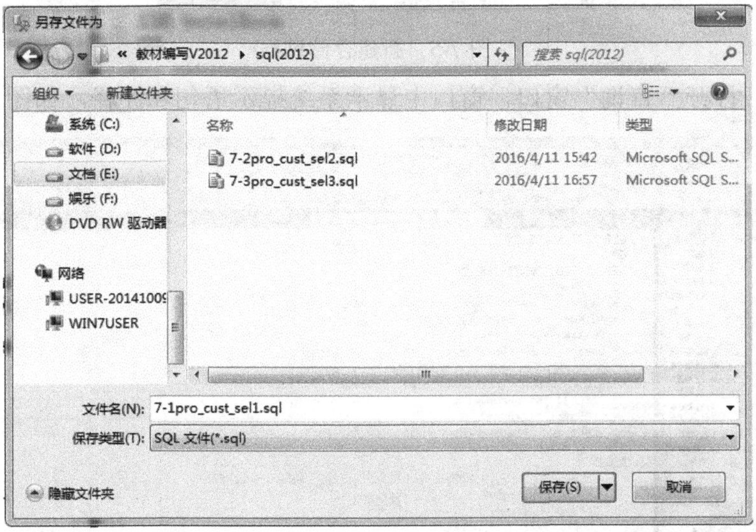

图 7-4　保存代码

【示例 7-2】　在“hotelBook”数据库中创建名为“pro_cust_sel2”的存储过程，该存储过程可以根据客户编号查询客户姓名、性别、出生年月、联系电话、工作单位。

分析：任务中要求根据指定的客户编号查询客户信息，所以执行存储过程需要将客户编号作为参数传入，所以属于带参数存储过程。存储过程的功能主要是查询客户信息、客户编号为查询条件，查询语句为：

SELECT 客户姓名,性别,联系电话,工作单位 FROM 客户表 WHERE 客户编号=@custid

具体的操作步骤为：

(1) 创建：在“Microsoft SQL Server Management Studio”窗口的“对象资源管理器”中，依次单击“服务器名”->“数据库”->“hotelBook”->“可编程性”，然后右击“存储过程”，在弹出的快捷菜单中选择“新建存储过程”，如图 7-5 所示。

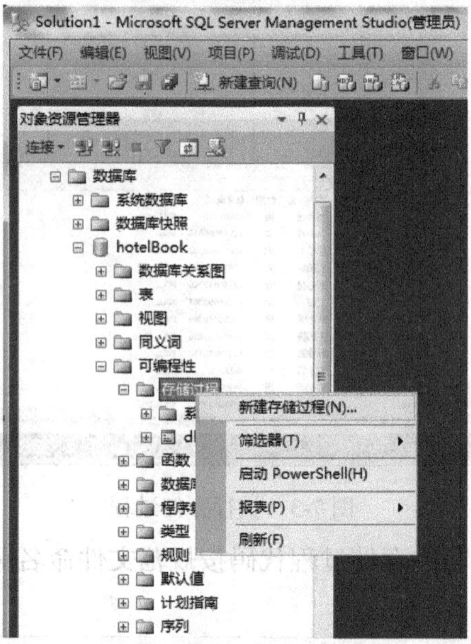

图 7-5 新建存储过程

(2) 创建：打开“查询”窗口，窗口中显示系统提示语句和注释，如图 7-6 所示。

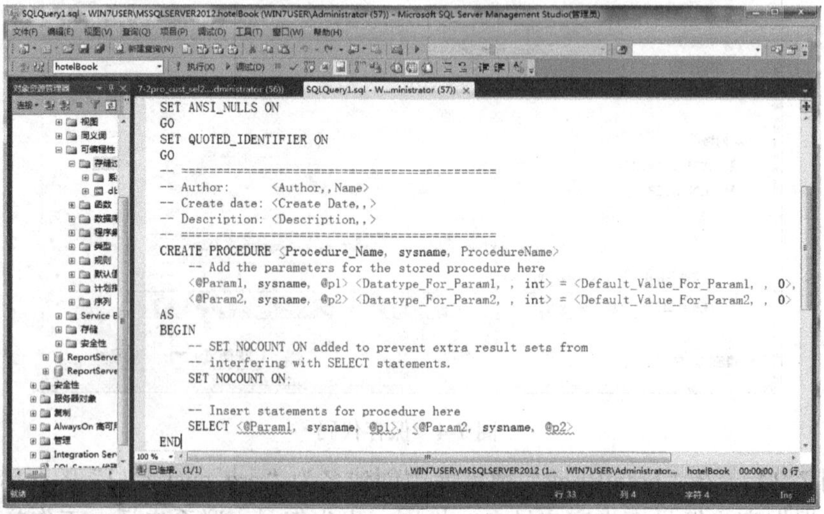

图 7-6 “新建存储过程”模板窗口

(3) 编码：在系统提示下，编写相应的代码，单击“执行”按钮，完成存储过程的创建，如图 7-7 所示。

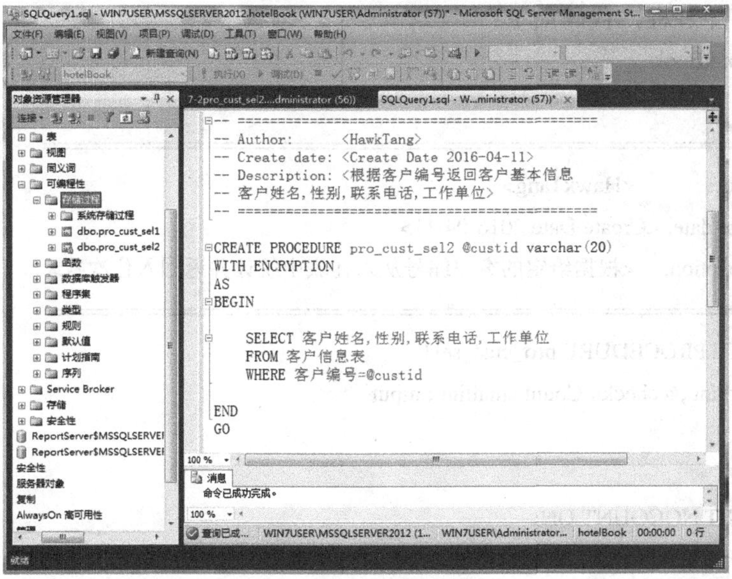

图 7-7 创建存储过程代码

(4) 执行：在“查询”窗口中，编写执行存储过程的代码，单击“执行”按钮，执行存储过程并显示查询结果，如图 7-8 所示。

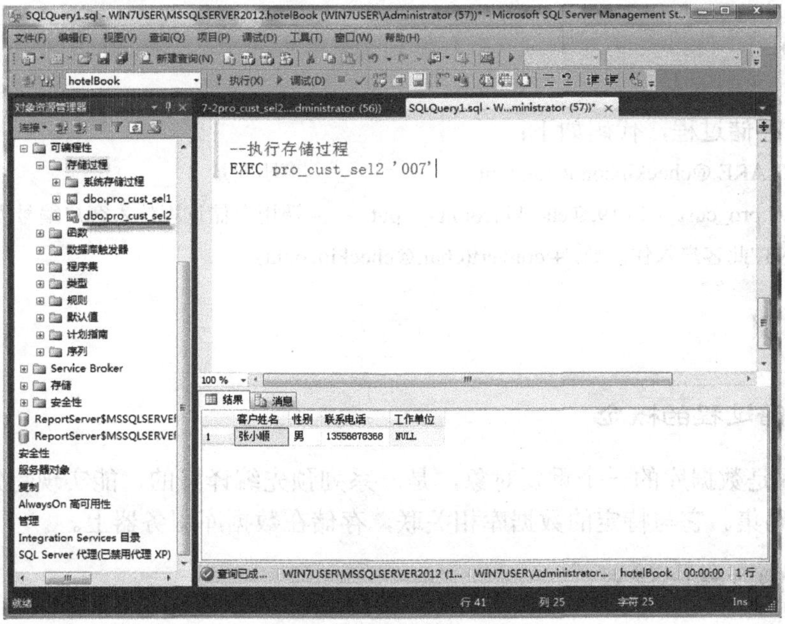

图 7-8 执行存储过程

【示例 7-3】 在“hotelBook”数据库中创建名为“pro_custom_sel3”的存储过程，该存储过程可以根据客户编号返回客户入住次数。

分析：任务中要求根据指定的客户编号统计并返回客户入住酒店次数，所以执行存储过程需要将客户编号作为参数传入，所以属于带输入参数的存储过程。要求返回客户入住次数，所以存储过程需带返回参数。操作步骤如下：

(1) 创建存储过程，代码如下：

```
USE hotelBook
GO
-- =============================================
-- Author:          <HawkTang>
-- Create date: <Create Date 2016-04-11>
-- Description:   <根据给定的客户编号从入住表中统计并返回入住次数>
-- =============================================
CREATE PROCEDURE pro_cust_sel3
@custid int ,@checkinCount smallint output
AS
BEGIN
    SET NOCOUNT ON;

    SET @checkinCount=
    (
        select count(*) from 客房入住表 where 客户编号=@custid
    )
END
GO
```

(2) 执行存储过程，代码如下：

```
DECLARE @checkincount smallint                     --声明变量
EXEC pro_cust_sel3 19,@checkincount output         --调用存储过程传入客户编号为 19
PRINT '此客户入住次数: '+ convert(char,@checkincount)
```

二、必备知识

(一) 存储过程的概念

存储过程是数据库的一个重要对象，是一系列预先编译好的，能实现特定数据操作功能的 SQL 代码集。它与特定的数据库相关联，存储在数据库服务器上。

(二) 存储过程的优点

1. 允许模块化的程序设计

存储过程一旦创建完成并存储于数据库中，即可在应用程序中反复调用，使应用程序可通过存储过程统一访问数据库，达到数据检索和更新的一致性。存储过程作为独立的程序单元，可以单独修改，这改进了应用程序的可维护性。存储过程的创建和维护操作通常由数据库编程和维护方面的专业人员来完成。

2．更快的执行速度

存储过程在创建时就已经检查过语法的正确性，而且已经编译优化，可以立即直接执行。批处理的 T-SQL 程序代码在每次执行时都必须先检查语法的正确性，并进行编译、优化，再执行它，因此执行速度相对要慢。另外，存储过程在它第一次执行后相关信息会保存在内存中，以后的调用并不需再将存储过程从磁盘中装载，可直接执行，提升性能。

3．有效减少网络通信量

一个数百行 T-SQL 代码的操作用存储过程实现，从客户端调用该存储过程就可以通过一条执行存储过程的语句来完成，而不需要在网络上发送数百行 T-SQL 代码，因而有效减少了网络流量，提高了应用程序的执行效率。

4．较好的安全机制

存储过程具有安全特性(权限)和所有权链接，以及可以附加到它们的证书。用户可以授予执行存储过程权限而不必直接对存储过程中引用的对象具有权限。存储过程可以加强应用程序的安全性。

(三) 存储过程的分类

存储过程分为三类：系统存储过程、用户自定义存储过程、扩展存储过程。

1．系统存储过程

系统存储过程创建并保存于 master 数据库中，以“sp_”为前缀，可以在任何数据库中使用。SQL Server 中的许多管理工作都是通过执行系统存储过程来完成的。例如，sp_renamedb 用于数据库更名；sp_help 提供关于存储过程或其他数据库对象的报告。用户创建存储过程不要以“sp_”为前缀。

2．用户自定义存储过程

用户自定义存储过程是用户为完成某一特定功能而编写的存储过程，主要在应用程序中使用。

3．扩展存储过程

扩展存储过程是用户使用外部程序语言(诸如 C 或 C++等)编写的存储过程。通过扩展存储过程，可以弥补 SQL Server 的不足之处，并按照需要自行扩展其功能。扩展存储过程的名称通常以“xp_”开头。扩展存储过程是对动态链接库(DLL)函数的调用。

(四) 语法格式

1．存储过程创建语法格式

存储过程创建的语法格式如下：

```
CREATE PROC[EDURE]   存储过程名
[ {@参数名称   参数数据类型  } [ OUTPUT] ][ ,… n ]
[WITH {RECOMPILE | ENCRYPTION }]
AS
sql_statement
```

其中，关键字和参数的含义如下：

- 存储过程名：为所创建的存储过程的名字。
- @参数名称：存储过程可以没有参数，也可以声明一个或多个参数，参数名称必须以@作为第一个字符。参数后面带 OUTPUT，表示为输出参数。参数的名称以字符@开头，而且必须符合 SQL Server 的命名规则。
- 参数数据类型：用来指定输入参数的数据类型。输入参数可以是任何的数据类型(包括 text、ntext、image 和用户定义数据类型)。当然，输入参数的数据类型也就决定了这一输入参数所能接收数据值的类型和范围。
- OUTPUT：指定参数是输出参数，此选项可将@参数的值返回给过程的调用方。该参数必须位于所有输入参数说明之后。
- WITH RECOMPILE：指定每次执行存储过程都需重新编译它。
- WITH ENCRYPTION：对存储过程加密，其他用户无法查看存储过程的定义。
- sql_statement：该存储过程中定义的编程语句。

注：[ ]表示该项可省略，当编写无参数存储过程，则参数部分省略。

2．存储过程执行语法格式

两种存储过程的执行语法格式如下：

(1) 执行不带参数的存储过程的语法结构如下：

```
EXEC[UTE]  存储过程名
```

(2) 执行带输入参数的存储过程两种方法：

① 使用参数名传递参数值的语法结构如下：

```
EXEC[UTE]  存储过程名  [@参数名=参数值 ][DEFAULT] [, …n]
```

② 按位置传递参数值的执行语法结构如下：

```
EXEC[UTE] 存储过程名  [参数值 1, 参数值 2, …]
```

(3) 执行带输出参数的存储过程。为接收某一存储过程的返回值，在调用该存储过程时，必须声明作为输出的传递参数，这个输出传递参数声明为局部变量，用来存放返回参数的值。执行带输出参数的存储过程语法如下：

```
EXEC[UTE]  存储过程名
[[@参数名=]{参数值 | @变量 [ OUTPUT ] | [默认值]}]  [,...n]
```

三、实战演练

【演练 7-1】 在“hotelBook”数据库中创建名为“pro_todaycheckin”的存储过程，用于查询今日入住酒店的入住信息。

【演练 7-2】 在“hotelBook”数据库中创建名为“pro_checkin_sel1”的存储过程，实现根据给定的日期从客房入住表中查询客户的入住信息。

【演练 7-3】 在“hotelBook”数据库中创建名为“pro_checkin_num”的存储过程，实现根据给定的日期统计客户入住数目。

四、课后练习

(一) 简答题

1．简述存储过程的基本功能和特点。

2．如何将数据传递到一个存储过程中?又如何将存储过程的结果值返回?

(二) 选择题

1．create procedure 是用来创建( )语句。

A．程序 B．过程 C．触发器 D．函数

2．执行带参数的过程，正确的方法为( )。

A．过程名(参数) B．过程名 参数

C．过程名=参数 D．A，B，C 三种都可以

(三) 填空题

1．__________是已经存储在 SQL Server 服务器中的一组预编译过的 T-SQL 语句。

2．SQL Server 中封装的存储过程包括三类，分别是__________、__________和__________。

3．在一个存储过程定义的 AS 关键字前可以定义该过程的__________，AS 关键字之后为该过程的__________。

4．如果希望修改数据库的名字，可以使用的系统存储过程是__________。

5．在定义存储过程的输出参数时，必须带有__________关键字，其基本格式为__________。

6．存储过程有多种调用方式，其中比较常用的是使用__________语句。

7．可以使用__________语句来加密存储过程，防止未授权用户通过 SELECT 语句查看该存储过程代码。

任务二 管理存储过程

一、任务演示

【示例 7-4】 查看“hotelBook”数据库中的存储过程 pro_todaycheckin 的源代码，具体语句如下：

```
EXEC sp_helptext    pro_todaycheckin
```

【示例 7-5】 修改“hotelBook”数据库中的存储过程 pro_checkin_sel2,并对存储过程指定重编译处理和加密选项，具体语句如下：

```
USE hotelBook
GO
ALTER PROCEDURE dbo.pro_checkin_sel2
```

```
@checkinDate smalldatetime,@checkinCount smallint output
WITH ENCRYPTION,RECOMPILE
AS
BEGIN
    SET NOCOUNT ON;
    SET @checkinCount=
    (
        select count(*) from 入住表 where left(入住时间,10)=@checkinDate
    )
END
```

【示例 7-6】 将存储过程 pro_checkin_sel2 修改为 pro_checkincount，参考语句如下：

```
EXEC sp_rename pro_checkin_sel2, pro_checkincount
```

【示例 7-7】 将存储过程 pro_todaycheckin 从数据库中删除，参考语句如下：

```
DROP PROCEDURE  pro_todaycheckin
```

二、必备知识

存储过程被创建以后，它的名字存储在系统表 sysobjects 中；它的源代码存放在系统表 syscomments 中。我们既可以通过对象资源管理器管理存储过程，也可以通过 SQL Server 提供的系统存储过程或 T-SQL 代码来管理用户创建的存储过程。

(一) 通过对象资源管理器管理存储过程

1. 查看存储过程

通过对象资源管理器，用户可以查看所创建的存储过程。在对象资源管理器中，分别展开“数据库”->“hotelBook”->“可编程性”->“存储过程”，双击“存储过程”，在存储过程列表中，用户即可看到该数据库的所有的存储过程。右击某一存储过程，在出现的快捷菜单中选择“执行存储过程”，在“SQL 编辑器”窗口中就可以看到存储过程的执行结果。

如果在创建存储过程时使用了 WITH ENCRYPTION 选项，那么无论是使用对象资源管理器，还是使用系统存储过程 sp_helptext，都无法查看到存储过程的源代码。

2. 修改存储过程

修改存储过程通常是指编辑它的参数和 T-SQL 语句。

① 单击“开始”，选择“程序”->“Microsoft SQL Server 2012”->“SQL Server Management Studio”->“对象资源管理器”。

② 分别展开“数据库”->“用户数据库”->“可编程性”->“存储过程”。

③ 右击要修改的存储过程，在弹出的菜单中选择“修改”，此时在“SQL 编辑器”窗格中出现要修改的存储过程文件。

④ 在“SQL 编辑器”中编辑存储过程的参数和 T-SQL 语句。此时，一般不要改变 ALTER PROCEDURE 语句中的存储过程名称。如果感觉存储过程的重命名以及参数和 T-SQL 语句

的编辑要分开来完成很麻烦，可以直接删除存储过程后再重新创建符合要求的存储过程。

⑤ 编辑了存储过程的参数和 T-SQL 语句之后，单击“SQL 编辑器”工具栏上的“分析”检查所编写的程序代码语法无误，然后单击“SQL 编辑器”工具栏上的“执行”，完成存储过程的参数和 T-SQL 语句的修改。

⑥ 单击“标准”工具栏上的“保存”，以保存修改后的存储过程。

3. 重新命名存储过程

通过对象资源管理器，用户可以重命名存储过程。在对象资源管理器中，分别展开“数据库”->“hotelBook”-> “可编程性”-> “存储过程”，双击“存储过程”，在存储过程列表中，用户即可看到该数据库的所有存储过程。右击某一存储过程，在出现的快捷菜单中选择“重命名”，则可重新命名该存储过程。

4. 删除存储过程

在对象资源管理器中，分别展开“数据库”->“hotelBook”-> “可编程性”-> “存储过程”，双击“存储过程”，在存储过程列表中，右击某一存储过程，在出现的快捷菜单中选择“删除”，则该存储过程被删除。

(二) 通过系统存储过程管理存储过程

1. 查看存储过程

使用系统存储过程查看存储过程源代码的语句是：

```
sp_helptext 存储过程名
```

2. 修改存储过程

其语法格式与新建非常相似，格式如下：

```
ALTER PROC[EDURE]  存储过程名
[ {@参数  参数的数据类型 } [ OUTPUT] ][, …n ]
[WITH {RECOMPILE | ENCRYPTION }]
AS
sql_statement
```

注意：修改具有任何选项(例如 WITH RECOMPILE)的存储过程时，必须在 ALTER PROCEDURE 语句中包括该选项，以保留该选项提供的功能；ALTER PROCEDURE 语句只能修改一个单一的过程，如果存储过程中调用了其他存储过程，则嵌套的存储过程将不受影响。

3. 重新命名存储过程

使用系统存储过程 sp_rename 可以修改存储过程的名字，其语句格式为：

```
EXEC sp_rename 原存储过程名，新存储过程名
```

4. 删除存储过程

使用 DROP PROCEDURE 语句可以将一个或多个存储过程从当前数据库中删除。

语法格式：

```
DROP PROC[EDURE] 存储过程名[, …n]
```

5. 存储过程的重编译处理

1) 存储过程的处理

创建存储过程时，SQL Server 需要对存储过程中的语句进行语法检查。如果语法正确，则存储过程的文本将存储在 syscomments 系统表中,否则将不能创建。

首次执行存储过程时，查询处理器从 syscomments 系统表中读取该存储过程的文本，并检查过程所使用的对象名称是否存在，这一过程称为延迟名称解析。存储过程引用的对象只需在执行该存储过程时存在，而不需要在创建该存储过程时就存在。在解析阶段，SQL Server 还将执行数据类型检查和变量兼容性等其他验证活动。如果执行存储过程时出现存储过程所引用的对象丢失，则存储过程在到达引用丢失对象的语句时将停止执行，并将返回错误信息。如果存储过程顺利通过解析阶段，SQL Server 将分析存储过程的语句，并创建一个执行计划。

以上介绍的分析存储过程和创建执行计划的过程统称为编译，编译工作完成之后，系统就可以开始执行这个存储过程了。再次执行存储过程时，如果现有的执行计划仍在内存中，SQL Server 将再次使用它。如果执行计划不再位于内存中，则创建新的执行计划。

2) 存储过程的重编译处理

SQL server 为用户提供了三种设定重编译选项的方法，分别介绍如下。

(1) 在建立存储过程时使用 WITH RECOMPILE 子句。WITH RECOMPILE 子句可以指示不将该存储过程的查询计划保存在缓存中，而是在每次运行时重新编译和优化，并创建新的查询计划。

这种方法并不常用，因为在每次执行存储过程时都要重新编译，在整体上降低了存储过程的执行速度。

(2) 在执行存储过程时设定重编译选项。通过在执行存储过程时设定重新编译，可以让 SQL Server 在执行存储过程时重新编译该存储过程，在这一次执行后，新的查询计划又被保存在缓存中。语法格式：

```
EXEC 存储过程名 WITH RECOMPILE
```

(3) 通过系统存储过程设定重编译选项。使用 sp_recompile 系统存储过程可设定存储过程和触发器在下次运行时重新编译。其语法格式：

```
EXEC sp_recompile [ @objname = ] 'object'
```

其中，参数[@objname =] 'object'为当前数据库中存储过程、触发器、表或视图的限定或未限定名称。object 的数据类型为 nvarchar(776)，没有默认值。如果 object 是存储过程或触发器的名称，则该存储过程或触发器将在下次运行时重新编译。如果 object 是表或视图的名称，则所有引用该表或视图的存储过程都将在下次运行时重新编译。

(三) 其他常用系统存储过程

(1) sp_tables：返回可在当前环境中查询的对象列表，代表可在 FROM 子句中出现的任何对象。

(2) sp_stored_procedures：返回当前环境中的存储过程列表。

(3) sp_rename：在当前数据库中更改用户创建对象的名称。对象可以是表、索引、列、别名数据类型。

(4) sp_renamedb：更改数据库的名称。

(5) sp_help：报告有关数据库对象(sys.sysobjects 兼容视图中列出的所有对象)、用户定义数据类型或 SQL Server 2012 提供的数据类型的信息。

(6) sp_helptext：显示规则、默认值、未加密的存储过程、用户定义函数、触发器或视图的文本。

(7) sp_who：提供有关 Microsoft SQL Server Database Engine 实例中的当前用户和进程的信息。

(8) sp_password：为 Microsoft SQL Server 登录名添加或更改密码。

三、实战演练

【演练 7-4】 在"hotelBook"数据库中使用对象资源管理器及系统存储过程 sp_helptext 查看存储过程 pro_checkin。

【演练 7-5】 在"hotelBook"数据库中使用对象资源管理器修改存储过程 pro_checkin_sel1，要求实现根据给定的日期从入住单表中查询客户入住信息并返回入住单数量。

【演练 7-6】 在"hotelBook"数据库中使用系统存储过程将存储过程 pro_checkin_sel1 更名为 pro_checkin_sel。

【演练 7-7】 在"hotelBook"数据库中使用系统存储过程删除库中存储过程 pro_checkin_num。

四、课后练习

(一) 简答题

1. 简述通过系统存储过程管理存储过程的调用语句和方法。
2. 什么情况下无法查看到存储过程的源代码?

(二) 填空题

1. 想查看未加密的存储过程的定义文本，应使用系统函数________。
2. 使用________语句可以将存储过程从当前数据库中删除。
3. 修改存储过程的定义可用____________，修改存储过程的定义名称________。

任务三 应用存储过程

"酒店客房管理系统"中，除了应用以上任务中创建的存储过程，还需要应用到一些存储过程，以实现其他对象的查询、插入、删除、修改，以及实现复杂业务逻辑。

一、任务演示

【示例 7-12】 在"hotelBook"数据库中创建名为"pro_receivables"的存储过程，客户退房时，根据入住单信息计算应收账款，生成结算信息，并更新客房入住表的退房时间和退房的客房状态。

分析：此存储过程要求计算某入住单的应收账款，所以属于带参数的存储过程，参数为入住单号、折扣、操作员。存储过程的功能为根据入住时间、当前时间计算入住天数，由订单客房价格和入住天数得到住宿费，另外加上客户在酒店的消费金额则为应收账款。注意：结账金额=应收账款-预付款。

退房结算涉及多表操作，这一系列的操作将被当做一个整体进行处理，这就是项目六中的“事务”的特性。因而在存储过程中，需应用事务模式，使用到 BEGIN TRAN ....COMMIT。该事务单元要作为整体执行。遇到错误时，要全部回退。

具体的操作步骤如下：

(1) 创建存储过程。在查询编辑器窗口中执行如下 T-SQL 语句：

```
USE hotelBook
GO

-- ================================================================
-- Author:        <HawkTang>
-- Create date: <Create Date 2016-04-14>
-- Description:   <退房结算：客户退房，计算入住单应收账款并
-- 更新客房入住表、客房信息表的相关信息及新增结算表的记录>
-- ================================================================
CREATE PROCEDURE pro_receivables @入住单号 varchar(40),@折扣 decimal(18,0),@操作员
varchar(16)
AS
BEGIN TRAN
    DECLARE @total money         --应付金额
    DECLARE @deposit money       --押金
    DECLARE @datecount int       --住店天数
    DECLARE @seqnum int          --序号
    DECLARE @num int
    -- 设置离店时间
    UPDATE 客房入住表 SET 退房时间 = getdate() WHERE 入住单号 = @入住单号
    -- 计算住店天数
    SELECT @datecount = datediff(dd,入住时间,getdate())
        FROM 客房入住表 WHERE 入住单号 = @入住单号
    -- 计算住店金额
    SET @total = 0
    SELECT @total = @datecount* 标准价格
      FROM 客房入住表 a,客房信息表 b,客房类型表 c WHERE a.入住单号 = @入住单号
      and a.入住房号=b.客房编号 and b.客房类型=c.类型编号
    -- 计算消费金额
    SELECT @total = @total + isnull(餐费,0)+ isnull(话费,0)+ isnull(其它消费,0)
```

```
        FROM 客房入住表 WHERE 入住单号 = @入住单号
    -- 计算序号及当天结算单序号
    SELECT @num=isnull(max(substring(结算单号,11,3)),0)+1 FROM 结算表
        WHERE convert(varchar(10),结算时间)= convert(varchar(10),getdate())

    SELECT @deposit=押金 from 客房入住表 WHERE 入住单号 = @入住单号

    --插入结算表
     INSERT INTO 结算表(结算单号,入住单号,实住天数,押金,折扣,应收金额,实收金额,结算时
间,操作员)
      values ('JS'+convert(varchar(8),GETDATE(),112)+stuff(@num,1,0,replicate('0',3-len(@num))),
  @入住单号,@datecount,@deposit,@折扣,@total,@total*isnull(@折扣,10)/10-isnull(@deposit,0),
   GETDATE(), @操作员)


     --修改客房状态
     UPDATE 客房信息表 SET 客房状态='空闲' WHERE
  客房编号=(SELECT 入住房号 FROM 客房入住表 WHERE 入住单号 = @入住单号)
  COMMIT

  GO
```

(2) 执行存储过程。执行前先要准备模拟数据，将客户入住表中入住单号为“RZ20160105002”未退房数据的入住日期改为离当前日期早几天。假设当前系统日期为“2016-04-14”，则将入住日期改为“2016-04-10”，相关表数据如图 7-10 所示。

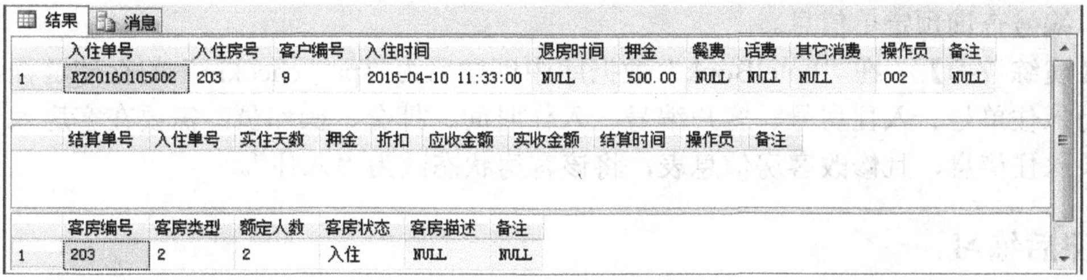

	入住单号	入住房号	客户编号	入住时间	退房时间	押金	餐费	话费	其它消费	操作员	备注
1	RZ20160105002	203	9	2016-04-10 11:33:00	NULL	500.00	NULL	NULL	NULL	002	NULL

结算单号	入住单号	实住天数	押金	折扣	应收金额	实收金额	结算时间	操作员	备注

	客房编号	客房类型	额定人数	客房状态	客房描述	备注
1	203	2	2	入住	NULL	NULL

图 7-10 执行前数据准备

调用存储过程，在查询编辑器窗口中执行如下 T-SQL 语句：

```
USE hotelBook
GO
EXEC pro_receivables 'RZ20160105002',9,'002'
GO
```

(3) 验证：通过查询表验证存储过程的执行结果，如图 7-11 所示。查询入住表、结算表以验证数据：

```
SELECT * FROM 客房入住表 WHERE 入住单号='RZ20160105002'
```

```
SELECT * FROM 结算表 WHERE 入住单号='RZ20160105002'
SELECT * FROM 客房信息表 WHERE
客房编号=(SELECT 入住房号 FROM 客房入住表 WHERE 入住单号 ='RZ20160105002')
```

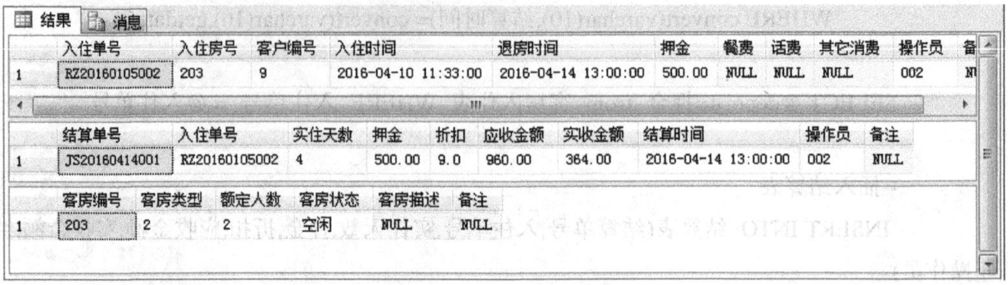

	入住单号	入住房号	客户编号	入住时间	退房时间	押金	餐费	话费	其它消费	操作员	备
1	RZ20160105002	203	9	2016-04-10 11:33:00	2016-04-14 13:00:00	500.00	NULL	NULL	NULL	002	NU

	结算单号	入住单号	实住天数	押金	折扣	应收金额	实收金额	结算时间	操作员	备注
1	JS20160414001	RZ20160105002	4	500.00	9.0	960.00	364.00	2016-04-14 13:00:00	002	NULL

	客房编号	客房类型	额定人数	客房状态	客房描述	备注
1	203	2	2	空闲	NULL	NULL

图 7-11 验证存储过程

二、必备知识

应用存储过程时需要注意以下几个问题：

(1) 一个存储过程完成一个特定的任务。

(2) 规范用户存储过程的命名及注释，以便于维护。不要使用“sp_”来命名用户存储过程。

(3) 可以使用 WITH ENCRYPTION 加密存储过程，以防存储过程的源代码被查阅。

(4) 在服务器上创建、测试存储过程。

三、实战演练

【演练 7-8】 在“hotelBook”数据库中创建名为“pro_cust_book”的存储过程，根据客户编号查询预定单信息。

【演练 7-9】 在“hotelBook”数据库中创建名为“pro_checkin”的存储过程，输入参数为入住单号、入住房号、客户编号、入住时间、押金、操作员，需要在客房入住表插入一条入住信息，且修改客房信息表，将该客房状态改为“入住”。

四、课后练习

1．简述存储过程的创建方法和执行方法。

2．简述应用存储过程时需要注意的问题。

项目八　应用触发器

触发器是一种特殊类型的存储过程，在数据表或视图被修改等事件发生时自动触发执行的内嵌存储过程，无需使用 EXEC 命令。触发器的主要作用是实现由数据库约束所不能保证的复杂的参照完整性和数据一致性，可用于实现一定业务规则。本项目分为三个任务：

(1) 创建和执行触发器。

(2) 管理触发器。

(3) 应用触发器。

任务一　创建和执行触发器

一、任务演示

【示例 8-1】　在“hotelBook”数据库的入住表中创建一个的 UPDATE 的触发器，入住单被修改后，向客户端发出一条提示消息“入住信息已修改”，并将修改信息查询显示，操作步骤如下：

(1) 创建：在“Microsoft SQL Server Management Studio”窗口的“对象资源管理器”中，依次单击“数据库”、“hotelBook”、“表”、“客房入住表”。然后右击“触发器”，在弹出的快捷菜单中选择“新建触发器”命令，打开“创建触发器模板”窗口，如图 8-1 所示。

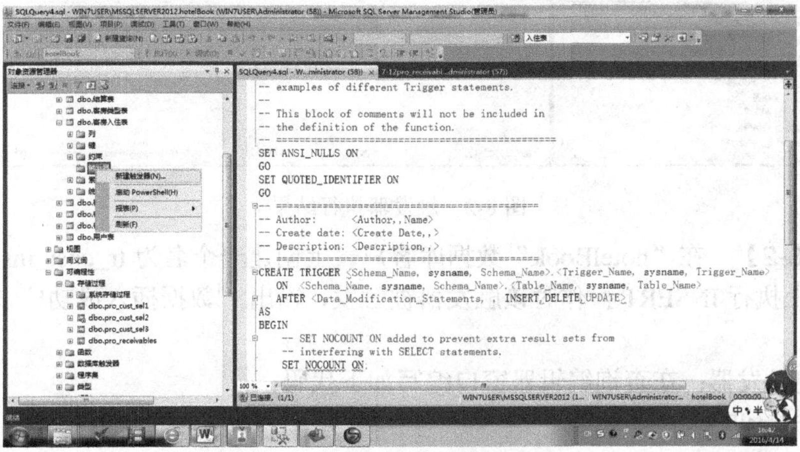

图 8-1　“创建触发器模板”窗口

(2) 编码：在“创建触发器模板”窗口中编写触发器代码如下：

```
-- =============================================================
-- Author:        <HawkTang>
-- Create date: <2016-04-14>
-- Description:   <客房入住表修改触发器，提示'入住信息已修改!',
--     并展示修改前的信息>
-- =============================================================
CREATE TRIGGER tr_checkin_upt
    ON 客房入住表
    AFTER UPDATE
AS
BEGIN
      SET NOCOUNT ON;
    -- Insert statements for trigger here
      PRINT '入住信息已修改!'
      SELECT * FROM inserted
END
GO
```

(3) 执行：单击“执行”按钮，完成 UPDATE 触发器的创建。

(4) 验证：修改客房入住表的一条记录，触发器自动执行，如图 8-2 所示。

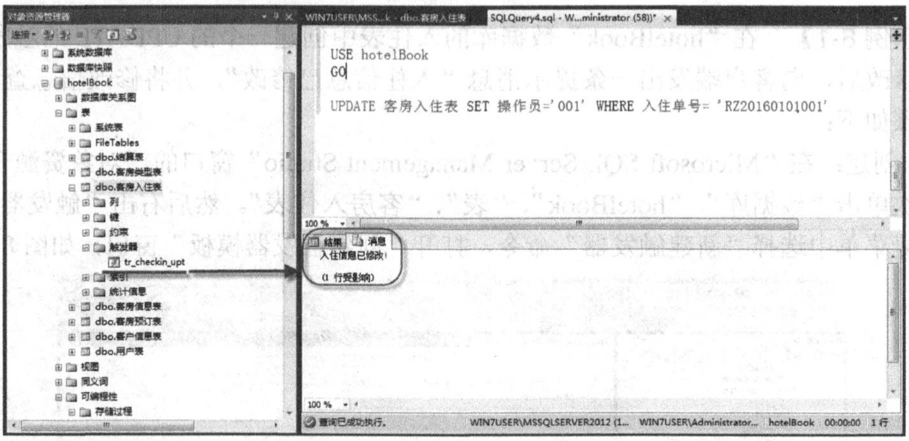

图 8-2　触发器执行结果

【示例 8-2】 在“hotelBook”数据库客户表上创建一个名为 tr_cust_inst 的触发器，当在客户表上执行 INSERT 操作时该触发器被触发，输出“'数据插入成功!”提示，操作步骤如下：

(1) 创建触发器：在查询编辑器窗口编写如下代码：

```
USE hotelBook
GO
```

```
-- =============================================
-- Author:          <HawkTang>
-- Create date: <Create Date 2016-04-14>
-- Description:  <客户信息表插入数据引发触发器，输出数据插入成功信息>
-- =============================================
CREATE TRIGGER tr_cust_inst
on 客户信息表
FOR INSERT
AS
PRINT '数据插入成功!'
GO
```

(2) 执行：单击“执行”按钮，完成 INSERT 触发器的创建。

(3) 验证：当用户向客户信息表中插入数据时将触发触发器，数据仍能被插入表中，如图 8-3 所示。

```
INSERT INTO 客户信息表(客户姓名,性别,证件类型,证件号码,联系电话,备注)
VALUES('李军','男','身份证','430101197709080643','13302456987','市场总监')
```

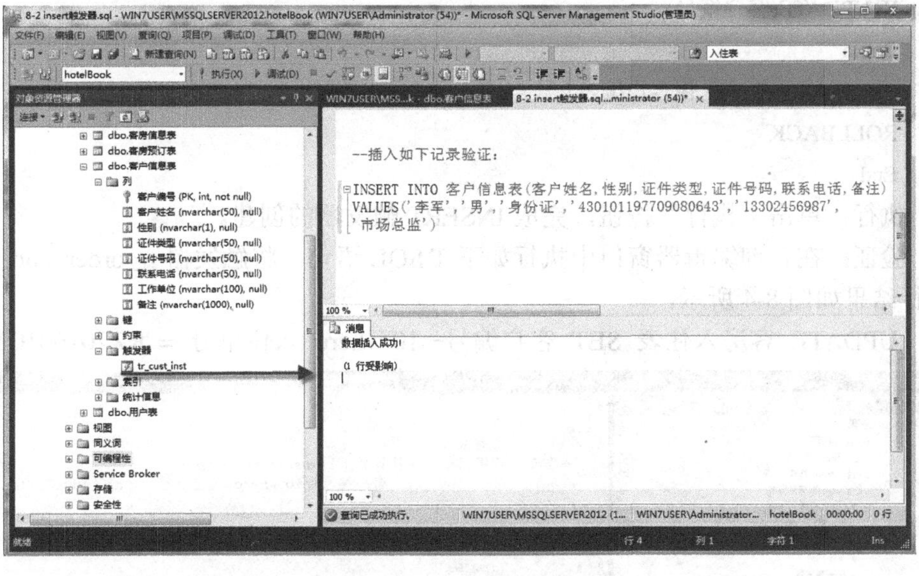

图 8-3 INSERT 触发器

用户可以用 SELECT * FROM 客户信息表语句查看表的内容，可以发现上述记录已经插入到‘客户信息表’中。这是由于在定义触发器时，指定的是 FOR 选项，因此 AFTER 成了默认设置。此时触发器只有在触发 SQL 语句 INSERT 中指定的所有操作都已成功执行后才激发。因此用户仍能将数据插入客户表中。有没有什么办法能实现触发器被执行的同时，取消触发触发器的 SQL 语句的操作呢？这就需要使用 INSTEAD OF 关键字来实现。

【示例 8-3】 在客房入住表中创建一个名为 tr_order_cno_upt 的触发器。当修改客房入住表中客户编号时，则给出错误提示信息“禁止修改入住客户编号！”，并撤销此次操作。

分析：入住表中的客户编号为重要信息，此例通过触发器实现约束功能，防止非法或误操作修改入住客户编号，保证数据准确性，操作步骤如下：

(1) 创建触发器。

在查询编辑器窗口中执行如下 T-SQL 语句：

```
USE hotelBook
GO
-- =============================================================
-- Author:        <HawkTang>
-- Create date: <2016-04-14>
-- Description:   <当修改客房入住表中客户编号时，则给出提示信息
--    '禁止修改入住客户编号！'，并撤销此次操作。>
-- =============================================================
CREATE TRIGGER tr_order_cno_upt
ON 客房入住表
AFTER Update
AS
IF UPDATE(客户编号)
Begin
PRINT '禁止修改入住客户编号！'
ROLLBACK
End
```

(2) 执行：单击“执行”按钮，完成 INSERT 触发器的创建。

(3) 验证：在查询编辑器窗口中执行如下 T-SQL 语句。将触发器 tr_order_cno_upt，语句的执行结果如图 8-4 所示。

```
UPDATE 客房入住表 SET 客户编号= 10 where 入住单号 = 'RZ20160102001'
```

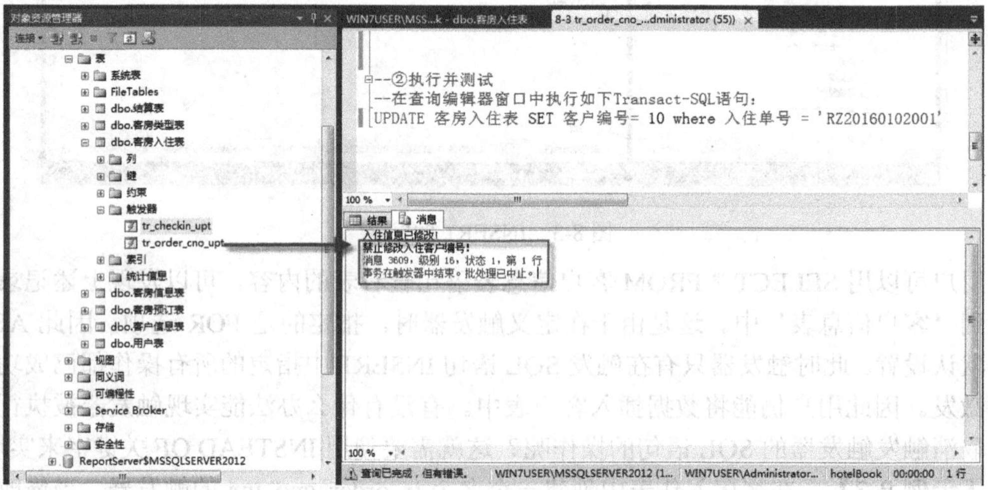

图 8-4　UPDATE 触发器执行结果

查询发现，因触发器定义了回滚操作 ROLLBACK，入住单“RZ20160102001”的客户编号未修改。

【示例 8-4】 在“hotelBook”数据库的客户表上建立一个名为 tr_cust_del 的 DELETE 的触发器，该触发器将对客户信息表中删除操作给出提示信息，并取消当前的删除操作，其操作步骤如下：

(1) 创建触发器。

在查询编辑器窗口中执行如下 T-SQL 语句：

```
USE hotelBook
GO
-- =============================================================
-- Author:        <HawkTang>
-- Create date: <2016-04-15>
-- Description:   <删除客户信息表记录时输出错误提示并回滚操作>
-- =============================================================
CREATE TRIGGER tr_cust_del
ON  客户信息表
FOR DELETE
AS
Begin
    raiserror ('不允许删除客户信息表中的记录!',10,1)
    Rollback TRAN
End
```

(2) 执行：单击“执行”按钮，完成 DELETE 触发器的创建。

(3) 验证：在查询编辑器窗口中执行如下 T-SQL 语句，触发器将被触发，运行结果如图 8-5 所示。

```
DELETE  客户信息表  WHERE  客户编号=7
```

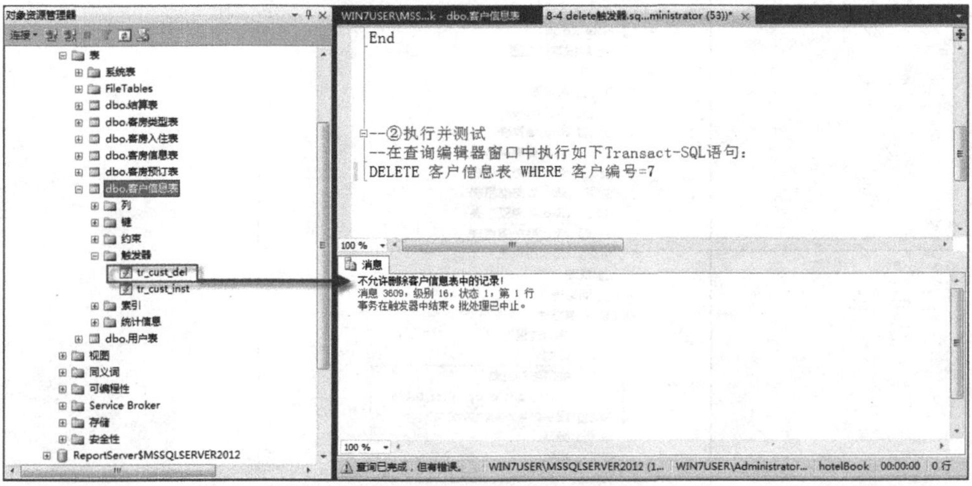

图 8-5 DELETE 触发器

【示例 8-5】 创建一触发器，用于防止用户删除或更改“hotelBook”数据库中的任一数据表。

分析：此触发器为 DDL 触发器，对删除表、修改表操作提示“禁止删除或修改该数据表！”，其操作步骤如下：

(1) 创建触发器。

在查询编辑器窗口中执行如下 T-SQL 语句：

```
USE hotelBook
GO

-- ==========================================================
-- Author:        <HawkTang>
-- Create date: <2016-04-15>
-- Description:   <删除表、修改表操作提示‘禁止删除或修改该数据表！’>
-- ==============================================================
CREATE TRIGGER tr_cant_drop_alter_table
ON DATABASE
FOR DROP_TABLE,ALTER_TABLE
AS
Begin
    PRINT ('禁止删除或修改该数据表!')
    ROLLBACK
End
```

(2) 执行：单击“执行”按钮，完成触发器的创建，生成数据库触发器 tr_cant_drop_alter_table，如图 8-6 所示。

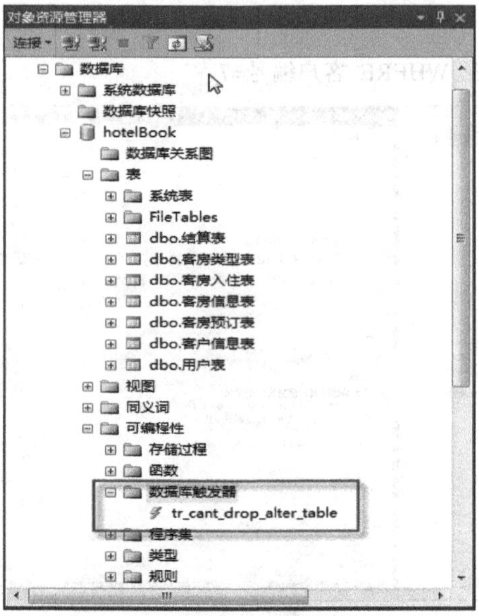

图 8-6　数据库触发器

(3) 验证：在查询编辑器窗口中执行 T-SQL 语句：DROP TABLE 客房预订表，触发器将被触发，运行结果如图 8-7 所示，系统提示“事务在触发器中结束。批处理已中止。”

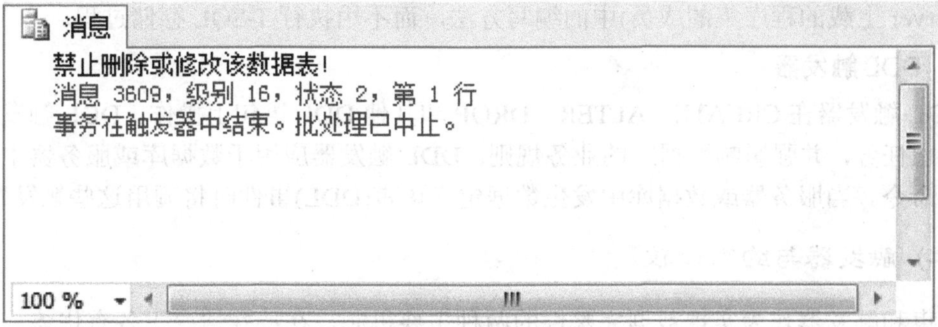

图 8-7 DDL 触发器执行结果

如果执行：DROP TABLE 用户表，将首先因外键约束而禁止删除此表，提示如下：

```
消息 3726，级别 16，状态 1，第 1 行
无法删除对象 '用户表'，因为该对象正由一个 FOREIGN KEY 约束引用。
```

二、必备知识

(一) 触发器的类型

SQL Server 2012 包括两大类触发器：DML 触发器和 DDL 触发器。

1．DML 触发器

当数据库中发生数据操作语言(DML)事件时将调用 DML 触发器。DML 事件包括在指定表或视图中修改数据的 INSERT 语句、UPDATE 语句或 DELETE 语句。DML 触发器有助于在表或视图中修改数据时强制业务规则，扩展数据完整性。SQL Server 将触发器和触发它的语句作为可在触发器内回滚单个事务。如果检测到错误(如磁盘空间不足)，则整个事务将自动回滚。

DML 触发器与表或视图是不能分开的。当在表中视图中执行插入(INSERT)、修改(UPDATE)、删除(DELETE)操作时，触发器被触发并自动执行；当表或视图被删除时，与它关联的触发器也一同被删除。

DML 触发器根据引起触发的数据修改语句可分为 INSERT 触发器、UPDATE 触发器和 DELETE 触发器；根据引发时刻可分为 AFTER 触发器、INSTEAD 触发器和 CLR 触发器。

(1) AFTER 触发器：在 DML 语句执行后触发器被激活。执行顺序为：数据表约束检查->修改表中数据->激活触发器。指定 AFTER 与指定 FOR 相同，AFTER 触发器只能在表上指定。

(2) INSTEAD 触发器：这类触发器会取代原来要进行的操作，在数据更改之前发生，数据如何更改取决于触发器的内容，执行顺序为：激活触发器数->若触发器涉及数据更改则检查表约束。

(3) CLR 触发器：CLR 触发器可以是 AFTER 触发器或 INSTEAD 触发器。CLR 触发器还可以是 DDL 触发器。CLR 触发器将执行在托管代码(在.NET Framework 中创建并在 SQL Server 上载的程序集的成员)中的编写方法，而不用执行 T-SQL 存储过程。

2. DDL 触发器

DDL 触发器在 CREATE、ALTER、DROP 和其他 DDL 语句上操作。DDL 触发器用于执行管理任务，并强影响数据库的业务规则。DDL 触发器应用于数据库或服务器中一类型的所有命令。当服务器或数据库中发生数据定义语言(DDL)事件时将调用这些触发器。

(二) 触发器与约束比较

约束和触发器作为实现数据完整性的两种主要机制，在特殊情况下各有优势。触发器的主要好处在于它们可以包含使用 T-SQL 代码的复杂处理逻辑，可以发现改变前、后表中数据的不一致，并根据这些不同来进行相应的操作。因此，触发器可以支持约束的所有功能，但它所给出的并不总是最好的方法。一般来说，实体完整性应该在最低级别上通过索引进行强制，这些索引可能是 PRIMARY KEY 和 UNIQUE 约束的一部分，也可能是在约束之外独立创建的。假设约束的功能已经可以满足应用程序的功能需求，那么域完整性应通过 CHECK 约束进行强制，而参照完整性则应通过 FOREIGN KEY 约束进行强制。

当约束所支持的功能无法满足应用程序的功能要求时，触发器就变得极为有用了，例如：

(1) 除非 REFERENCES 子句定义了级联引用操作，否则 FOREIGN KEY 约束只能以与另一列中的值完全匹配来验证列值。如果应用程序要求同步验证并更新非 FOREIGN KEY 约束的关键字列值时，则必须使用触发器。

(2) CHECK 约束只能根据逻辑表达式或同一表中的另一列来验证列值。如果应用程序要求根据另一个表的列验证列值，则必须使用触发器。

(3) 约束只能通过标准的系统错误信息传递错误信息。如果应用程序要求使用自定义信息和较为复杂的错误处理，则必须使用触发器。

使用触发器时要注意以下几点：

(1) 约束优先于触发器。约束是在操作执行之前起作用，而触发器则在操作执行之后起作用。

(2) 如果触发器表上存在约束，则在 INSTEAD OF 触发器执行后，在 AFTER 触发器执行前检查这些约束。如果约束破坏，则回滚 INSTEAD OF 触发器操作，并且不执行 AFTER 触发器。

(3) 触发器可以禁止或回滚违反参照完整性的更改，从而取消所尝试的数据修改。当更改外关键字且新值与主关键字不匹配时，此类触发器就可以起作用。

(4) SQL Server 不支持系统表中的用户定义触发器。

(三) INSERTED 表与 DELETED 表

在进行数据更新操作时，会产生两个临时的用于记录更改前、后数据变化的表：INSERTED 表与 DELETED 表，这两张表存储于高速缓存中，它们的结构与创建触发器的表结构相同。触发器类型不同，创建的两张临时表的情况和记录都不同，对具有触发器的表进行 INSERT、DELETE、UPDATE 操作时，过程分别如下：

(1) INSERT 操作：插入到表中的新行被复制到 INSERTED 表中。

(2) DELETE 操作：从表中删除的行转移到了 DELETED 表中。

(3) UPDATE 操作：先从表中删除旧行，然后向表中插入新行。其中，删除后的旧行转移到了 DELETED 表中，插入到表中的新行被复制到 INSERTED 表中。

(四) 创建触发器的语法格式

1. DML 触发器

DML 触发器的语句格式如下：

```
CREATE   TRIGGER   触发器名
   ON     表名或视图名
   {FOR    | AFTER | INSTEAD OF }
    {INSERT[,] | UPDAT E[,] | DELETE }
[WITH   ENCRYPTION ]
  AS
    [IF UPDATE (列名 1)
[{AND | OR } UPDATE(列名 2)[…n]
sql_statements
```

参数说明如下：

FOR | AFTER | INSTEAD OF：定义创建触发器的类型，如果仅制定 FOR 关键字，则 AFTER 为默认。

INSERT[,] | UPDATE[,] | DELETE：定义触发器激活的数据操作类型。

IF UPDATE (列名 1)：判断是对某一确定列进行插入还是更新操作，但不与删除操作一起使用。

WITH ENCRYPTION：对触发器源代码进行加密。

2. DDL 触发器

DDL 触发器的语句格式如下：

```
CREATE TRIGGER   触发器名
ON   { ALL SERVER | DATABASE }
[WITH   ENCRYPTION ]
{ FOR | AFTER } { DDL 事件} [ ,...n ]
AS
  sql_statement
```

参数说明如下：

DDL 事件：DDL 事件的名称由对应 T-SQL 语句中关键字及各关键字间加下划线‘_’构成。如删除表事件为 DROP_TABLE，修改表事件为 ALTER_TABLE，删除索引事件为 DROP_INDEX。

三、实战演练

【演练 8-1】 在“hotelBook”数据库的用户表上建立一个名为 tr_user_del 的 DELETE 触发器，该触发器将对用户表中删除记录的操作给出提示信息“不允许删除用户表信息!”，并取消当前的删除操作。

【演练 8-2】 在“hotelBook”数据库的用户表上建立一个名为 tr_user_upt 的 UPDATE 触发器，该触发器将对用户表中记录进行修改操作给出提示信息“不允许修改用户表信息!”，并取消当前的修改操作。

四、课后练习

(一) 简答题

1．什么是触发器？SQL Server 有哪几种类型的触发器？

2．当一个表同时具有约束和触发器时，如何执行？

3．简述存储过程与触发器的区别？

(二) 选择题

1．触发器创建在(　　　)中。

A．表　　B．视图　　C．数据库　　D．查询

2．以下触发器是当对[表 1]进行(　　　)操作时触发。

```
create trigger abc on 表 1
for insert，update，delete
as……
```

A．只修改　　B．只插入

C．只删除　　D．插入、修改、删除

3．触发器可引用视图或临时表，并产生两个特殊的表是(　　)。

A．deleted、inserted　　B．delete、insert

C．view、table　　D．view1、table1

4．以下(　　)是用来创建一个触发器。

A．CREATE PROCEDURE　　B．CREATE TRIGGER

C．DROP PROCEDURE　　D．DROP TRIGGER

(三) 填空题

1．触发器定义在一个表中，当在表中执行插入、__________、__________操作时触发器被触发自动执行。

2．向表中添加记录后，添加的记录临时存储在__________表中；删除表中记录后，被删除的记录临时存储在__________表中；修改表中记录后，被修改的记录时存储在__________表中。

3．__________是特殊类型的存储过程，它能在任何试图改变__________中由触发器保护的数据时自动执行。

任务二 管理触发器

一、任务演示

【示例 8-4】 使用系统存储过程 sp_helptrigger 查看客户表上存在的所有触发器的相关信息，参考语句如下：

```
USE hotelBook
GO
EXEC sp_helptrigger '客户表'
```

在“SQL 编辑器”中执行上面的语句，在结果窗格中将返回在客户表上定义的所有触发器的相关信息。从返回的信息中，用户可以了解到触发器的名称、所有者以及触发条件的相关信息。

【示例 8-5】 使用系统表 sysobjects 查看数据库“hotelBook”存在的所有触发器的相关信息，参考语句如下：

```
USE hotelBook
GO
SELECT name FROM sysobjects
WHERE type='TR'
```

在“SQL 编辑器”中执行上面的语句，在结果窗格中将返回在数据库 hotelBook 上定义的所有触发器的名称。

【示例 8-6】 修改在 hotelBook 数据库中的用户表上建立的触发器 tr_user_upt(演练 8-2)，当对‘用户表’的‘账号’字段进行修改时，给出提示信息并撤销此次操作，参考语句如下：

```
USE hotelBook
GO
ALTER TRIGGER tr_user_upt
ON 用户表
FOR UPDATE
AS
IF UPDATE(用户账号)
BEGIN
PRINT '禁止修改用户账号！'
ROLLBACK
END
GO
```

【示例 8-7】 禁止或启用“hotelBook”数据库中‘用户表’上创建的所有触发器，

参考语句如下：

```
ALTER TABLE 用户 DISABLE TRIGGER ALL
ALTER TABLE 用户 ENABLE TRIGGER ALL
```

请读者自己尝试禁止或启用“hotelBook”数据库其它表中创建的某个触发器。

二、必备知识

(一) 查看触发器信息

像存储过程一样，触发器在创建后，其名称保存在系统表 sysobjects 中，并把创建的源代码保存在系统表 syscomments 中。SQL Server 为用户提供多种查看触发器信息的方法，分别如下：

1. 使用系统存储过程

系统存储过程 sp_help、sp_helptext、sp_helptrigger 和 sp_depends 分别提供有关触发器的不同信息。

(1) sp_help：显示触发器的一般信息(名字、属性、类型、创建时间)。

(2) sp_helptext：显示触发器的源代码。

(3) sp_helptrigger：查看某个表上所有触发器的相关信息。

(4) sp_depends：查看指定触发器所参考的对象清单或指定的表或视图所涉及的触发器。

注意：用户必须在当前数据库中查看触发器的信息，而且被查看的触发器必须已经被创建。和存储过程的加密类似，用户也可以在创建触发器时，通过指定 WITH ENCRYPTION 来对触发器的定义文本信息进行加密，加密后的触发器无法用 sp_helptext 来查看相关信息。

2. 使用系统表

用户可以通过查询系统表 sysobjects 得到触发器的相关信息。

3. 使用对象资源管理器查看触发器依赖关系

(1) 打开 SQL Server Management Studio。

(2) 在“对象资源管理器”中，依次展开“数据库”->“用户数据库”->“表”->含有触发器的数据表(如客户表)->“触发器”。

(3) 右击将在其上查看依赖关系的触发器，在弹出的快捷菜单上选择“查看依赖关系”，出现“对象依赖关系”窗口，查看完毕单击“确定”按钮。

(二) 修改触发器

通过对象资源管理器、系统存储过程和 T-SQL 语句，可以修改触发器的名字和正文。

1. 通过对象资源管理器修改触发器

在“SQL Server Management Studio”的“对象资源管理器”中，依次展开“数据库”->“用户数据库”->“表”->含有触发器的数据表(如客户表)->“触发器”->右击将要修改的触发器(如客户表)，在弹出的菜单中选择“修改”，此时在“SQL 编辑器”窗口中出现将要修改的触发器文本编辑触发器的参数和 T-SQL 语句，单击“SQL 编辑器”工具栏上的“分析”按钮检查所修改的代码语法无误，单击“SQL 编辑器”工具栏上的“执行”按钮完成触发器的修改。

2. 使用 sp_rename 修改触发器的名字

使用 sp_rename 修改触发器的语法格式为：

```
sp_rename   原触发器名，新触发器名
```

3. 通过 ALTER TRIGGER 语句修改触发器

在实际应用中，用户可能需要改变一个已经存在的触发器，可以通过使用 SQL Server 提供的 ALTER TRIGGER 语句来实现。SQL Server 可以在保留现有触发器名称的同时，修改触发器的触发动作和执行内容，修改触发器的具体语法如下：

```
ALTER TRIGGER 触发器名
ON{ 表名 | 视图名}
{FOR | AFTER | INSTEAD OF }{[INSERT]，[UPDATE]，[DELETE]}
[WITH ENCRYPTION]
AS
[ IF UPDATE(列名 1) [ { And | OR} UPDATE(列名 2)] [···n] ]
SQL 语句
```

其中，各参数的意义与创建触发器语句中参数的意义相同。

(三) 删除触发器

删除已创建的触发器有三种方法：

(1) 使用语句 DROP TRIGGER 删除指定的触发器，具体的语法形式如下：

```
DROP TRIGGER 触发器名
```

(2) 删除触发器所在的表时，SQL Server 将自动删除与该表相关的触发器。

(3) 使用对象资源管理器删除触发器，右击将要删除的触发器，在弹出菜单中选择“删除”，接着在弹出的“删除对象”对话框中单击“确定”按钮。

(四) 禁止和启用触发器

使用触发器时，用户可能遇到在某些时候需要禁止某个触发器起作用的场合，例如用户需要对某个建有 INSERT 触发器的表中插入大量数据。当一个触发器被禁止后，该触发器仍然存在于数据表上，只是触发器的动作将不再执行，直到该触发器被重新启用时才执行。禁止和启用触发器的具体语法如下：

```
ALTER TABLE 表名
{ ENABLE | DISABLE } TRIGGER
    { ALL | 触发器名[，…n] }
```

其中，{ ENABLE | DISABLE } TRIGGER 表示指定启用或禁用触发器。当一个触发器被禁用时，它对表的定义依然存在；然而，当在表上执行 INSERT、UPDATE 或 DELETE 语句时，触发器中的操作将不执行，除非重新启用该触发器。ALL 指定启用或禁用表中所有的

触发器。

三、实战演练

【演练 8-3】 在“hotelBook”数据库使用系统存储过程和对象资源管理器查看触发器 tr_user_del 的依赖关系。

【演练 8-4】 在“hotelBook”数据库中使用对象资源管理器将触发器 tr_user_del 更名为 tr_user_delete。

【演练 8-5】 在“hotelBook”数据库中使用系统存储过程将触发器 tr_user_delete 删除。

四、课后练习

(一) 选择题

1．系统存储过程(　　)查看指定触发器所参考的对象清单或指定的表或视图所涉及的触发器。

A．sp_help　　B．sp_helptext
C．sp_helptrigger　　D．sp_depends

2．当删除(　　)时，与它关联的触发器也同时被删除。

A．视图和表　　B．临时表
C．过程　　D．表

3．使用________关键字可禁止表触发器。当一个触发器被禁用时，它对表的定义依然存在，然而满足触发条件时，触发器中的操作也不会执行。

A．ENABLE　　B．WITH ENCRYPTION
C．DISABLE　　D．AFTER

(二) 填空题

1．系统存储过程 sp_helptrigger 的功能是________________________________。

2. 系统存储过程______________查看指定触发器所参考的对象清单或指定的表或视图所涉及的触发器。

3．删除触发器的 T-SQL 语句为____________________。

任务三　应用触发器

一、任务演示

【实例 8-8】 客户结账后，当前入住单删除，为查询需要要将删除数据入入住历史表。在“hotelBook”数据库的入住表上创建一个触发器，以在进行入住单删除时自动保存入住历史表。

分析：此触发器触发事件为‘客房入住表’DELETE 操作，从表中删除的行临时转移到了 DELETED 表中，可应用触发器实现将此表中记录永久保存至“客房入住历史表”，操作步骤如下：

(1) 创建‘客房入住历史表’，‘客房入住历史表’表结构与‘客房入住表’完全一样。

(2) 创建触发器。在查询编辑器窗口中执行如下 T-SQL 语句：

```
USE hotelBook
GO
-- =============================================================
-- Author:        <HawkTang>
-- Create date:   <2016-04-15>
-- Description:   <删除入住单表时通过触发器将删除信息插入入住历史表>
-- =============================================================
CREATE TRIGGER tr_checkin_delete
   ON  客房入住表
   FOR DELETE
AS
BEGIN
      INSERT INTO  客房入住历史表 SELECT * FROM DELETED
      COMMIT
END
```

(3) 执行：单击“执行”按钮，完成触发器的创建。

(4) 验证：当执行删除‘客房入住表’中的入住单时，该入住单自动保存至‘客房入住历史表’中。应用触发器实现数据的跟踪审计及数据库表的日志记录，其语句格式如下：

```
DELETE 客房入住表 WHERE 入住单号='RZ20160101001'
SELECT * FROM 客房入住历史表 WHERE 入住单号='RZ20160101001'
```

二、必备知识

(一) 触发器的应用范围

触发器是特定事件出现时，自动执行的代码块。触发器常被应用于以下三个方面：

1. 完整性控制，强制数据一致性

触发器可以实现比主外键约束、CHECK 约束、唯一性约束等更灵活、更复杂的完整性控制。触发器可以定义表之间约束，可用于维护比外键约束更强的数据引用的完整性。

2. 数据跟踪审计和日志记录

对于数据库中一些关键信息的修改，数据库管理员需要审核是什么人、在什么时间、什么地点对数据进行了修改，修改前、后的数据是什么。触发器可以实现数据的跟踪审计及数据库表的日志记录。

3．强制业务流程

通过触发器实现企业经常变动的业务规则，可以减轻前台应用程序负担，在业务流程变动情况下，无需修改前台应用程序，只要修改一下触发器就可实现。

(二) 有效应用触发器需要注意的问题

(1) 触发器实现约束是最灵活的方法，可以代替所有约束，但一般不提倡用触发器来实现约束，主要原因是触发器相对于数据库约束来说，效率比较低，可能引发性能问题。触发器通常用于实现不能用数据库约束来描述的业务逻辑。

(2) 触发器用于数据保护，如：不允许删除和修改数据。

(3) 对于核心业务逻辑，因触发器执行的不可控性，建议不采用触发器实现。

三、实战演练

【演练 8-6】 在“hotelBook”数据库的用户表上创建一个触发器，以在进行用户表维护(增、删、改)时自动保存操作日志，记录下操作类型及操作前、操作后数据。

四、课后练习

(一) 选择题

1．如果要查看已经定义好的触发器的源代码，应使用(　　)。

A．sp_helpfile　　B．sp_helpfilegroup

C．sp_helpdb　　D．sp_helptext

2．(　　)能够维护数据库表之间的参照完整性。

A．触发器　　B．主键　　C．外键　　D．视图

3．在下面关于触发器的描述中，(　　)是错误的。

A．触发器是一种特殊的存储过程

B．触发器是可执行代码存储在服务器上，所以运行时不用编译

C．触发器是由 DML 触发，不用显式调用

D．触发器是由存储在服务器上的 SQL 语句所组成，运行时必须进行编译

4．触发器中的局部变量一般要用(　　)开头。

A．#　　B．%　　C．@　　D．@@

(二) 简答题

1．阐述触发器常见的应用。

2．如何保护数据库中的索引不被删除和修改？

3．对具有触发器的表进行 INSERT、DELETE、UPDATE 操作，INSERTED 表和 DELETE 表分别保存什么信息？

项目九　维护和管理数据库

对于数据库系统的用户来说，数据的安全性是最为重要的。数据的安全性主要是指允许那些具有相应数据访问权限的用户能够登录到 SQL Server 并访问数据，以及对数据库对象实施各种权限范围内的操作。同时，拒绝所有非授权用户的非法操作；另外，任何系统都不可避免地会出现各种形式的故障，而某些故障可能会导致数据库灾难性的破坏，为此还需对数据库经常做一些维护操作。本项目共分四个任务：

(1) 备份和还原数据库。

(2) 导入导出数据。

(3) 身份验证模式和用户管理。

(4) 角色和权限的管理。

任务一　备份和还原数据库

一、任务演示

【示例 9-1】　在对象资源管理器中备份"hotelBook"数据库，操作步骤如下：

(1) 展开"hotelBook"数据库。

(2) 右击"hotelBook"数据库，在弹出的快捷菜单中选择"任务"子菜单，然后选择"备份"命令，弹出"备份数据库 hotelBook"窗口，如图 9-1 所示。

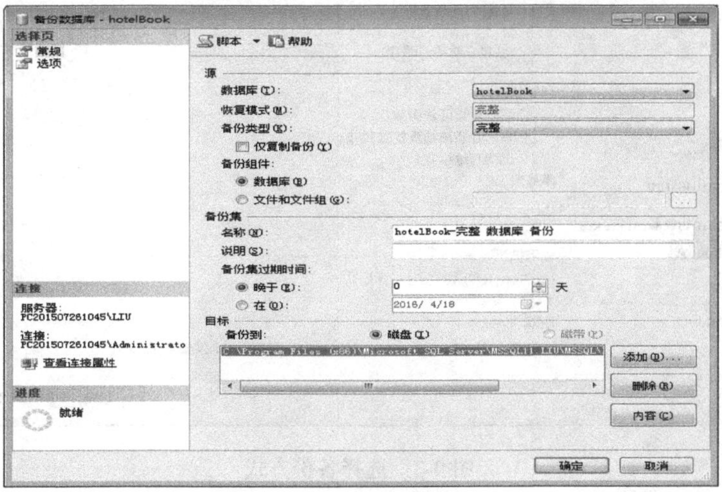

图 9-1　备份数据库窗口

(3) 在“数据库”下拉列表框中选择“hotelBook”数据库作为准备备份的数据库。在“备份类型”下拉列表框中，选择需要的类型，这是第一次备份，选择“完整”选项，在“名称”文本框中输入要备份的名称。

(4) 由于没有磁带设备，所以只能备份到“磁盘”。单击“添加”按钮，重新选择路径，如图 9-2 所示。

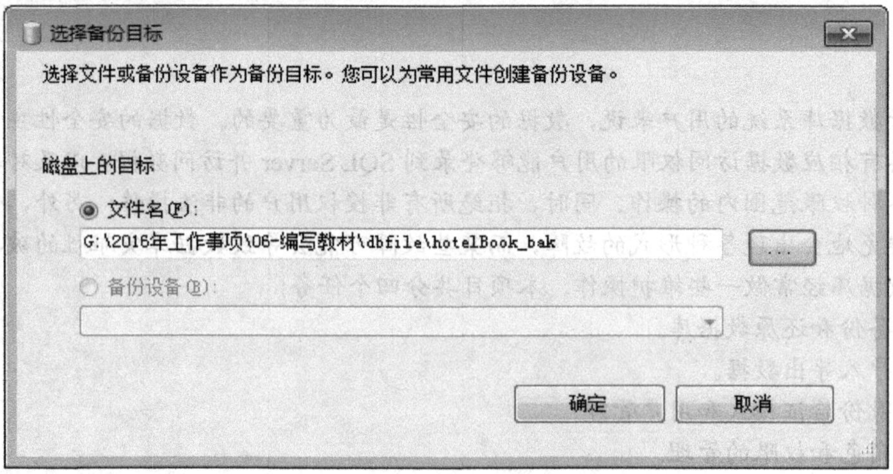

图 9-2 选择备份目标

(5) 单击图 9-1 窗口左边选择页中的“选项”节点，如图 9-3 所示。在“备份到现有介质集”选项中选中“追加到现有备份集”单选按钮。

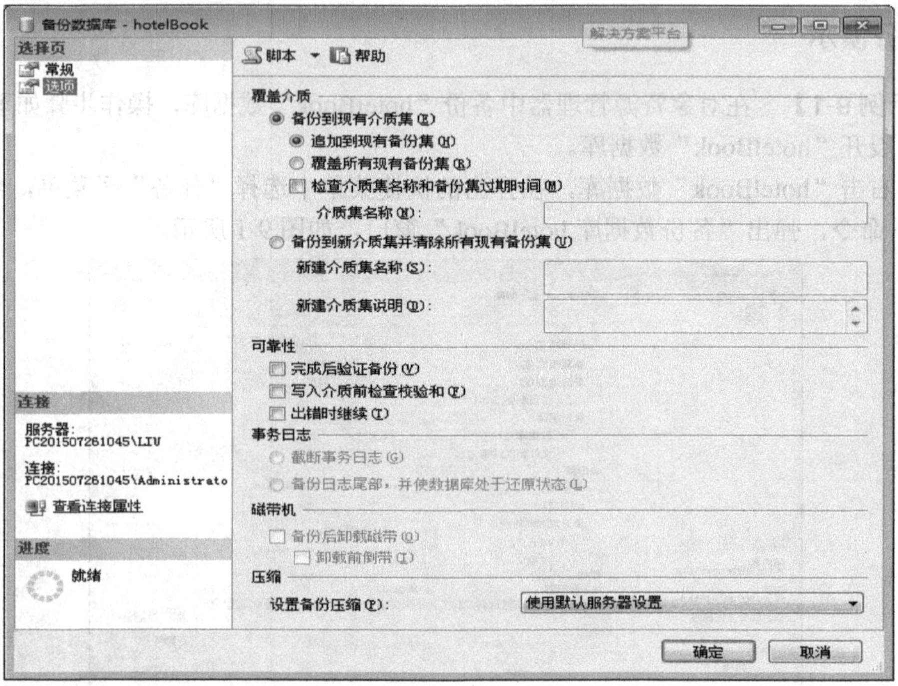

图 9-3 选择备份方式

“备份到现有介质集”有两个选项：“追加到现有备份集”和“覆盖所有现有备份集”。其中，“追加到现有备份集”是指介质上以前的内容保持不变，新的备份在介质上次备份的结尾写入。“覆盖所有现有备份集”是重写备份设备中任何现有的备份，备份介质的现有内容被新备份重写。

【示例 9-2】 使用对象资源管理器，利用示例 9-1 的数据库备份还原数据库，操作步骤如下：

(1) 展开数据库，右击“hotelBook”数据库，在弹出的快捷菜单中，选择“任务”->“还原”->“数据库”命令，弹出“还原数据库-hotelBook”窗口，如图 9-4 所示。

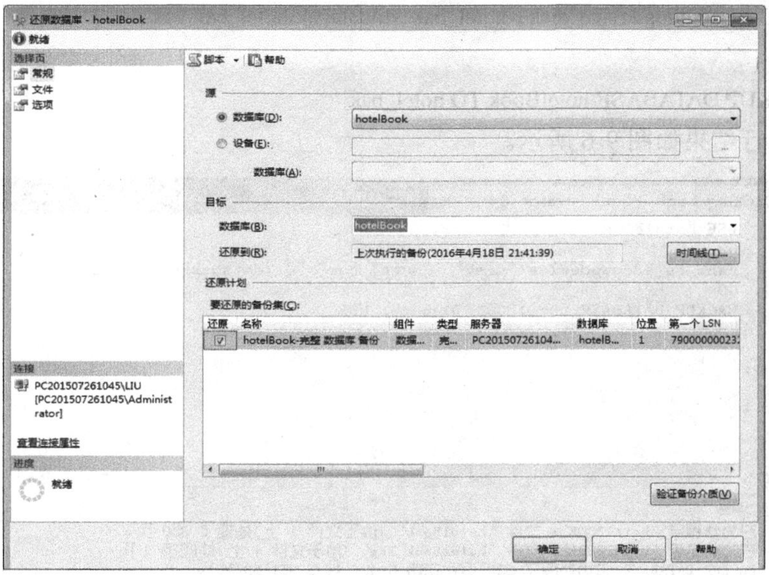

图 9-4 还原数据库常规选项

(2) 在图 9-4 中选择左边的“选项”节点，如图 9-5 所示。

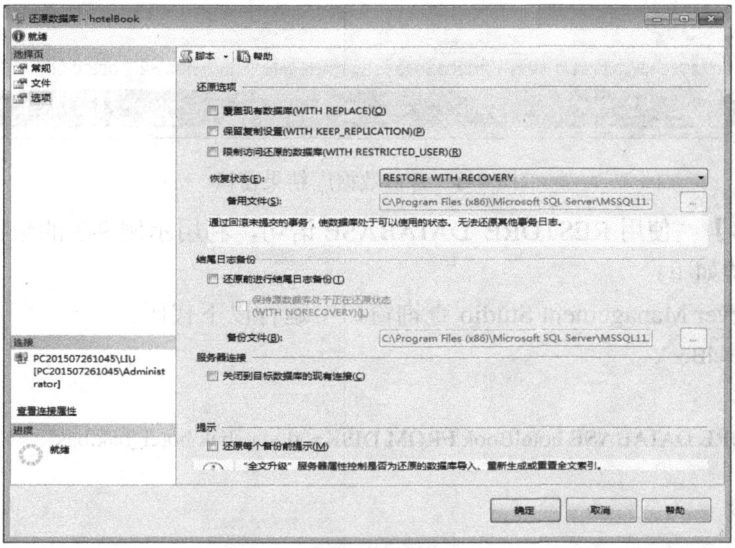

图 9-5 还原数据库选项节点

(3) 在“还原选项”选项区域中，选择需要的选项，在“恢复状态”中选择需要的状态，然后单击“确定”完成数据库的还原。

【示例 9-3】 使用 BACKUP DATABASE 创建“hotelBook”数据库的完整备份。将数据库备份到名为 hotel_bak 的逻辑备份设备上(物理文件为 d:\databak\hotel_bak.bak)，操作步骤如下：

在 SQL Server Management Studio 查询窗口中运行以下代码：

```
USE hotelBook
GO
EXEC sp_addumpdevice 'disk', 'hotel_bak','d:\databak\hotel_bak.bak'
GO
BACKUP DATABASE hotelBook TO hotel_bak
```

程序的执行结果如图 9-6 所示。

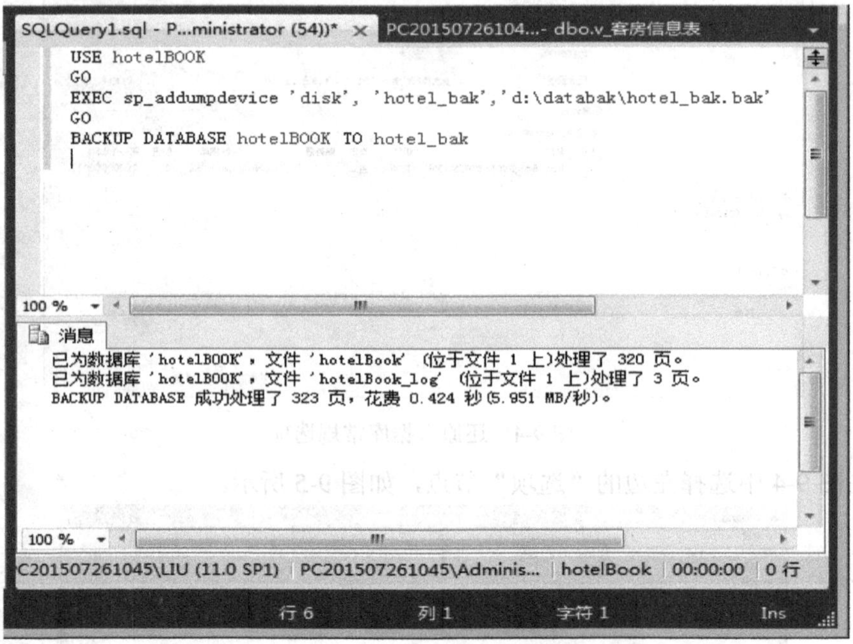

图 9-6 备份数据库结果窗口

【示例 9-4】 使用 RESTORE DATABASE 语句，利用示例 9-3 的数据库备份还原数据库，操作步骤如下：

在 SQL Server Management Studio 查询窗口中运行以下代码：

```
USE hotelBook
GO
RESTORE DATABASE hotelBook FROM DISK=' d:\databak\hotel_bak.bak'
```

二、必备知识

数据库的安全管理可以防止非法登录者或非授权用户对数据库或数据造成破坏。但这种安全管理机制在有些情况下就会表现的无能为力，如感染病毒、用户的错误操作、硬件的损坏、计算机系统的崩溃、自然灾害等。为使系统在出现故障后，能尽快恢复正常工作，把损失降到最低，必须对数据库进行经常性的备份，以便在需要时能够及时恢复、还原。

(一) 数据库备份

1. 数据库备份概述

数据库备份是指系统管理员定期或不定期地将数据库中的部分或全部内容复制到其他存储介质上的过程。数据库的备份可分为静态备份和动态备份。

静态备份是指在备份过程中，不允许对数据库进行任何存取、修改等操作。静态备份操作简单，但是备份与用户事务都必须等待对方结束后才能进行。显然，静态备份降低了数据库的可用性。

动态备份是指在备份过程中，允许对数据库进行存取、修改。动态备份克服了静态备份的缺点，即备份和用户事务可以并发执行。由于在备份的同时，数据库有可能被修改，因此动态备份的数据并不能保证是正确有效的。采用动态备份时，必须建立日志文件，把备份期间各事务对数据库的修改活动记录下来，以便使数据库恢复到某一时刻的正确状态。

SQL Server 的备份可以通过手工或 SQL Server Agent 来完成。SQL Server Agent 可以在事先设定的任何一天的任何时候执行备份计划。

数据库的备份是十分耗费时间和占用资源的过程，不易频繁进行，应该根据数据库的使用情况确定一个适当的备份周期。一般而言，对于数据更新频繁或数据非常重要的数据库，备份的频率应该较高一些。正因为如此，在备份数据库前，建议对备份内容、备份类型等方面进行计划。

1) 备份内容

备份内容主要包括系统数据库、用户数据库和事务日志。

(1) 系统数据库记录 SQL Server 系统配置参数、用户资料以及所有用户数据库等重要信息，主要包括 master、msdb 和 model 数据库。

(2) 用户数据库中存储了用户的数据。由于用户数据库具有很强的区别性，即每个用户数据库之间的数据一般都有很大差异，所以对用户数据库的备份尤为重要。

(3) 事务日志记录了用户对数据的各种操作，平时系统会自动管理和维护所有的数据库事务日志。相比数据库备份，事务日志备份所需要的时间较少，但是还原需要的时间较多。

2) 备份类型

SQL Server 对所要备份内容，提供了四种不同的备份类型。

(1) 数据库完全备份。数据库完全备份是整个数据库的一个备份，该备份复制在一个文件中。

(2) 差异备份或称增量备份。数据库增量备份包含了自上次完全数据库备份以来数据库中所有变化的复制。

(3) 事务日志备份。事务日志备份包含事务日志的复制，它包括数据库中所发生的每个数据改动前、后的映像。

(4) 数据库文件和文件组备份。数据库文件和文件组备份是针对某一个文件或文件组的复制。

2．数据库备份方法

(1) 使用 SQL Server Management Studio 备份数据库，操作方法参见示例 9-1。

(2) 使用 T-SQL 语句备份数据库。备份数据库的语法格式：

BACKUP DATABASE 数据库名 TO 备份设备

其中，备份设备必须是事先已创建好的，如果不存在，可用系统存储过程 sp_addumpdevice 创建。sp_addumpdevice 的语法格式如下：

```
sp_addumpdevice [ @devtype = ] 'device_type'
        , [ @logicalname = ] 'logical_name'
        , [ @physicalname = ] 'physical_name'
```

参数说明：

① [@devtype =] 'device_type'：备份设备的类型。device_type 的数据类型为 varchar(20)，无默认值，其值可以是 disk 或 tape。

② [@logicalname =] 'logical_name'：在 BACKUP 和 RESTORE 语句中使用的备份设备的逻辑名称。logical_name 的数据类型为 sysname，无默认值，且不能为 NULL。

③ [@physicalname =] 'physical_name'：备份设备的物理名称。物理名称必须遵从操作系统文件名规则或网络设备的通用命名约定，并且必须包含完整路径。physical_name 的数据类型为 nvarchar(260)，无默认值，且不能为 NULL。

删除备份设备的语法格式为：sp_dropdevice '备份设备名'。

(二) 数据库还原

1．数据库还原概述

备份可以防止数据库遭受破坏、介质失效或用户错误。备份是还原数据库最容易和最能防止意外的有效方法。没有备份，所有的数据都可能会丢失，而且将造成不可挽回的损失，这时就不得不从源头重建数据；有了备份，万一数据库被损坏，就可以使用备份来还原数据库。在数据库备份之前，应该检查数据库中数据的一致性，这样才能保证顺利地还原数据库备份。在数据库的还原过程中，用户不能进入数据库，当数据库被还原后，数据库中的所有数据都被替换掉。

数据库的还原方式依赖于数据库备份方式的不同而有所变化。通常，首先还原最近的数据库完全备份，然后还原事务日志备份或增量备份，主要的还原方式如下：

1) 完全还原方式

完全还原方式使用数据库备份和事务日志备份将数据库还原到故障点或特定即时点。为保证这种程度，包括大容量操作(如 SELECT INT0、CREATE INDEX 和大容量装载数据)在内的所有操作都将被完整地记入日志。由于还原到任意即时点，这样数据文件的丢失和损坏不会导致工作损失。但是如果事务日志(此项十分重要)损坏，则必须重新做最新的日志备份后进行的修改。

2) 简单还原方式

简单还原方式将数据库还原到上次备份处，但是无法将数据库还原到故障点或指定的即时点。常用于还原最新的数据库完全备份和差异备份。这种方式允许高性能大容量复制操作，以及可以回收日志空间，但是必须重组最新的数据库或者差异备份后的更改。

3) 大容量日志记录还原方式

大容量日志记录还原方式为某些大规模或大容量复制操作提供了最佳和最少的日志使用空间。与完全还原方式类似，必须十分注意保护事务日志记录。当日志备份包括大容量更改时，大量日志记录还原方式只允许数据库还原到事务日志备份的结尾处，不支持即时点还原，这种方式节省日志空间。但是如果日志损坏或者日志备份后发生了大容量操作，则必须重做自上次备份后所做的更改。

2．数据库还原方法

(1) 使用 SQL Server Management Studio 还原数据库，操作方法参见示例 9-2。

(2) 使用 T-SQL 语句还原数据库。还原整个数据库的语法格式如下：

```
RESTORE DATABASE 数据库名  FROM  备份设备名
```

三、实战演练

【演练 9-1】 创建一个新的备份设备 MyDevice1，并将数据库“hotelBook”完全备份到 MyDevice1 上。

【演练 9-2】 从 MyDevice1 备份设备进行还原完整数据库操作，还原以后的数据库名称为“hotelBook1”。

四、课后练习

(1) SQL Server 2012 中如何创建备份设备？

(2) SQL Server 2012 中可选择的具体备份方式有哪几种类型？各自的特点是什么？

(3) 创建一个测试用的数据库 myTest，分别使用 SQL Server Management Studio 对象资源管理器和 T-SQL 语句为 myTest 数据库做一次完全数据库备份和还原。

任务二　导入和导出数据

一、任务演示

【示例 9-5】 将“hotelBook”数据库中的“客房类型”表导出到 Excel 工作表，操作步骤如下：

(1) 展开“hotelBook”数据库。

(2) 右击“hotelBook”数据库，在弹出的快捷菜单中选择“任务”子菜单，然后选择“导出数据”命令，弹出“SQL Server 导入和导出向导”窗口，如图 9-7 所示。

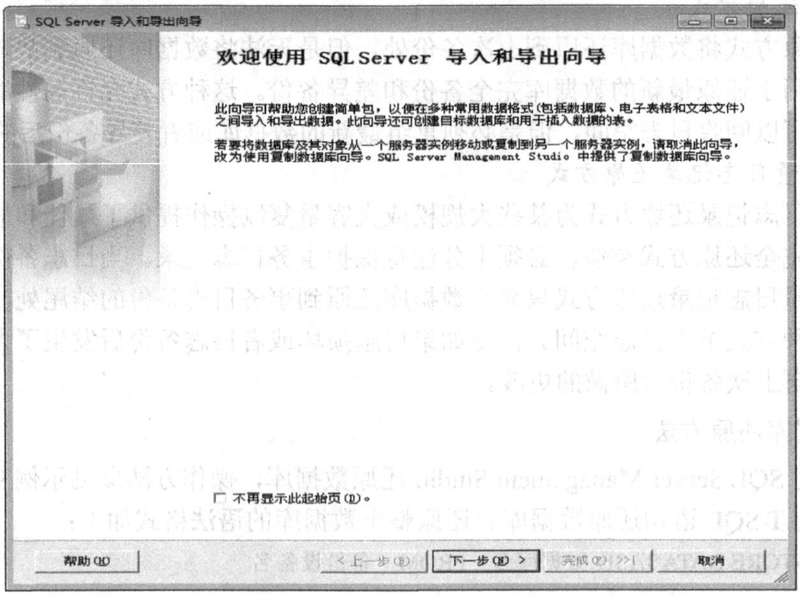

图 9-7 SQL Server 导入和导出向导窗口

(3) 单击“下一步”按钮，将打开“选择数据源”窗口，如图 9-8 所示，从中选择数据源为“SQL Server Native Client 11.0”，同时选择数据库服务器名和身份验证方式。单击“下一步”按钮，打开“选择目标”窗口，从中选择目标为“Microsoft Excel”，其中需要指定 Excel 文件路径和版本，如图 9-9 所示。在该窗口中点击“浏览”按钮，会出现“打开”文件对话框，在此对话框中可以输入目标 Excel 文件名，如图 9-10 所示。

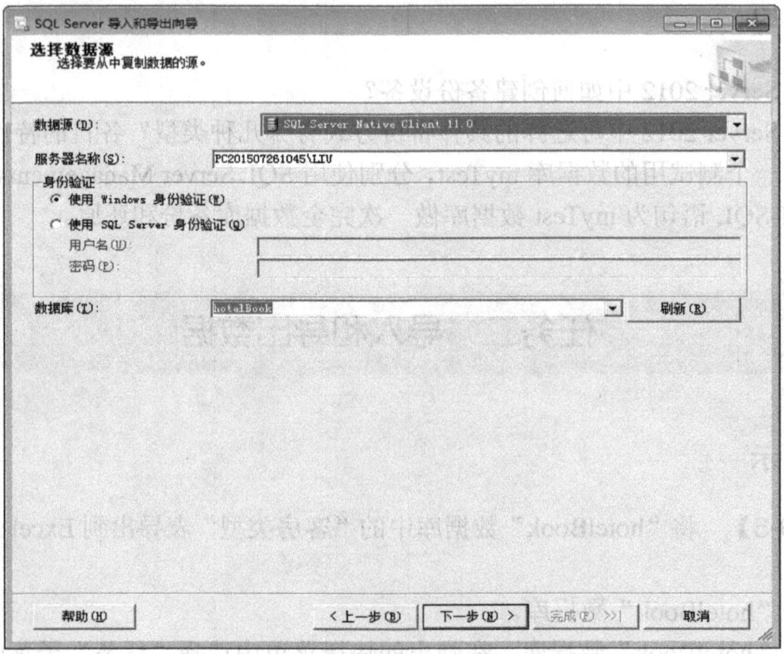

图 9-8 “选择数据源”窗口

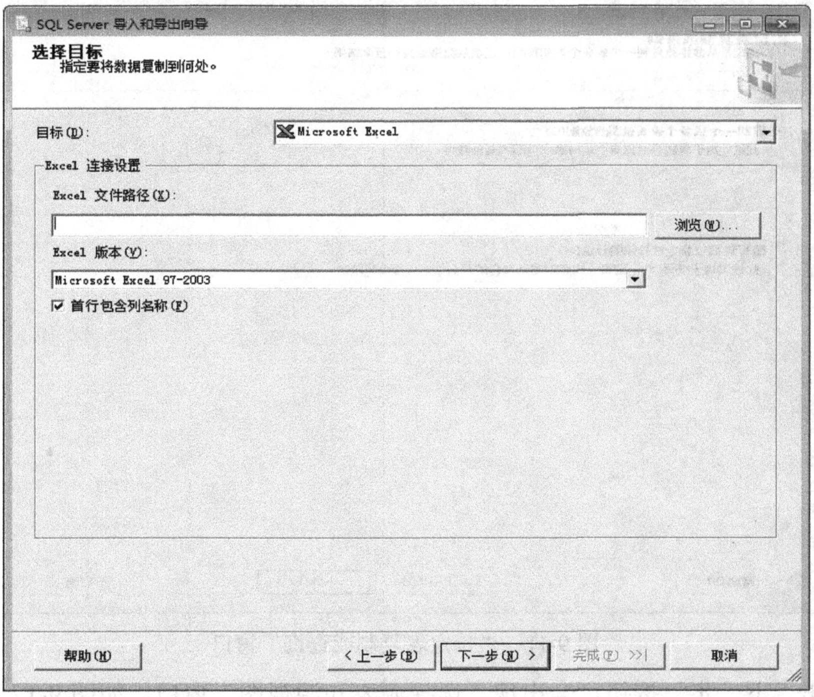

图 9-9　“选择目标”窗口

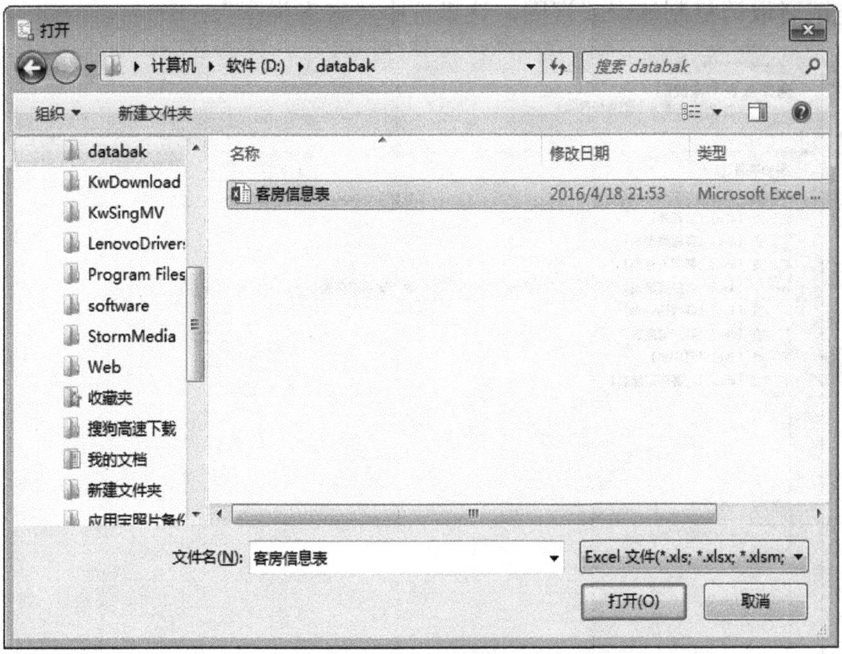

图 9-10　“打开”文件对话框

(4) 在图 9-9 中单击“下一步”按钮，会出现“指定表复制或查询”窗口，如图 9-11 所示。在该窗口中可以选定将源数据库中的表格或视图复制到目标数据库中，或者使用查询语句将符合查询语句的数据记录复制到目标数据库中。

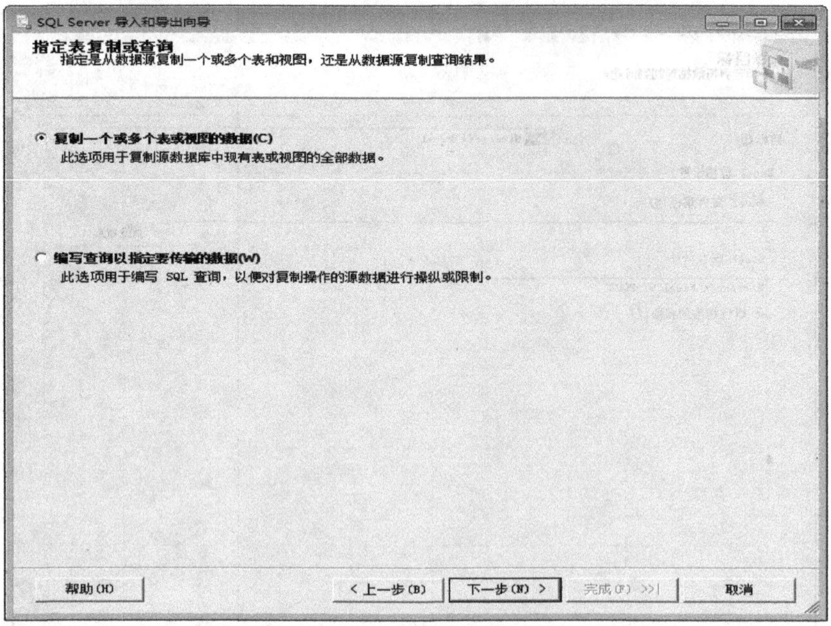

图 9-11 “指定表复制或查询”窗口

(5) 单击“下一步”按钮，会出现“选择源表和源视图”窗口，如图 9-12 所示。其中，可以选定将源数据库中的哪些表或视图复制到目标数据库中，只需单击表名称左边的复选框即可选定或者取消复制该表或视图，这里选中“客房类型”。

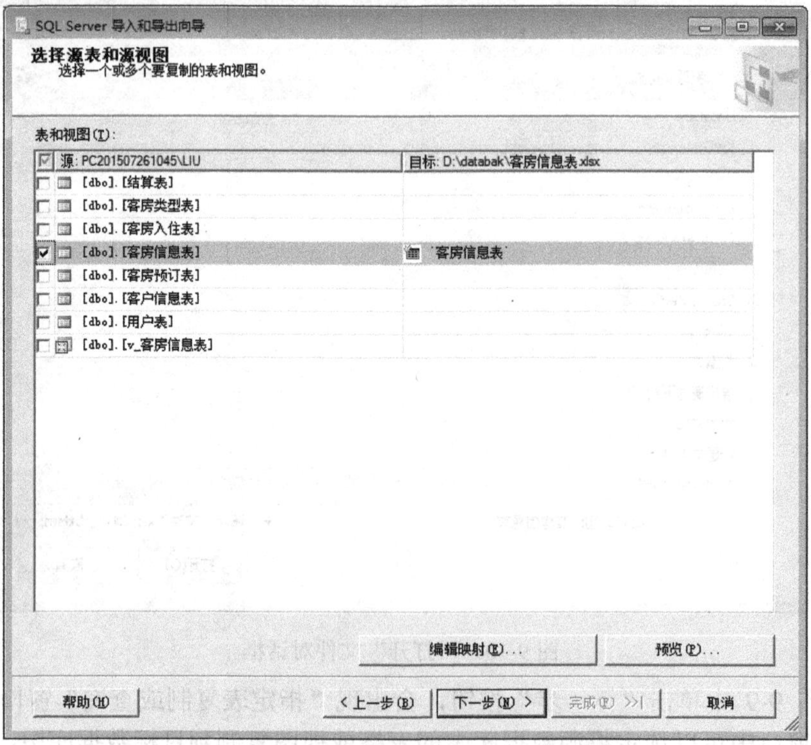

图 9-12 “选择源表和源视图”窗口

(6) 选择好要复制的数据表后，单击“下一步”按钮，会出现“保存并运行包”窗口，如图 9-13 所示，这里选中“立即运行”选项。

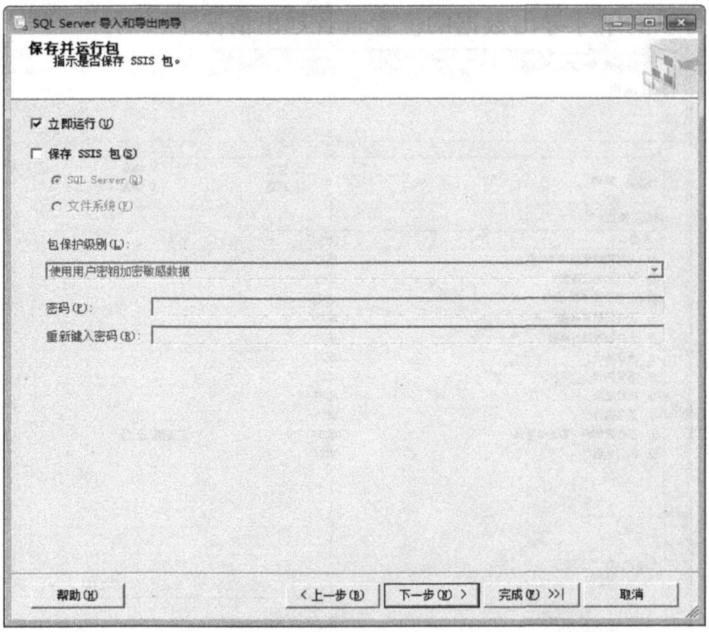

图 9-13　出现“保存并执行包”窗口

(7) 单击“下一步”按钮，会出现“完成该向导”窗口，如图 9-14 所示。其中，显示了在该向导中进行的设置，确认无误后，单击“完成”按钮；否则，可单击“上一步”按钮返回进行修改。

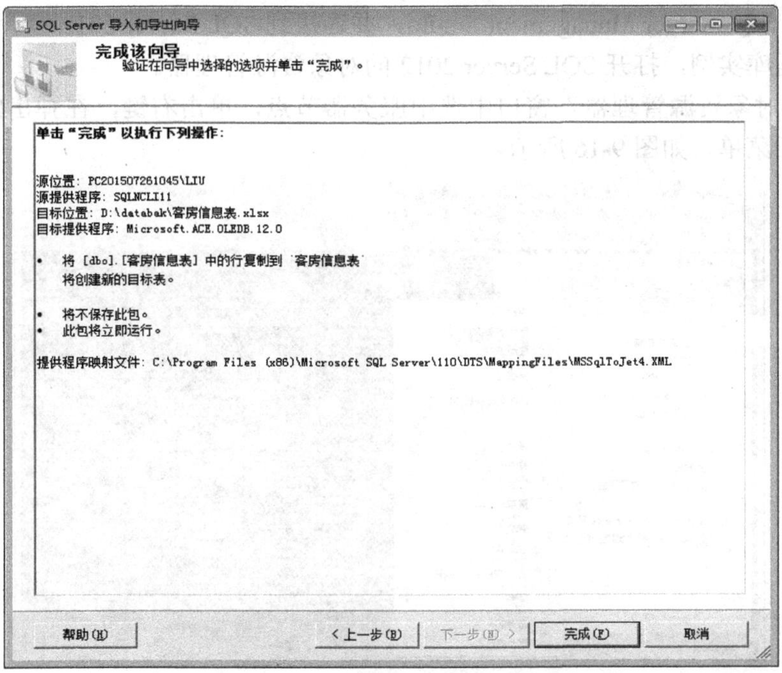

图 9-14　“完成该向导”窗口

(8) 这里单击“完成”按钮，向导开始执行数据导出任务，会显示“正在执行操作...”窗口，执行完成后，会显示执行是否成功的提示信息框，如图 9-15 所示。单击“关闭”按钮，然后用户就可以到刚才导出数据的位置查看导出情况了。

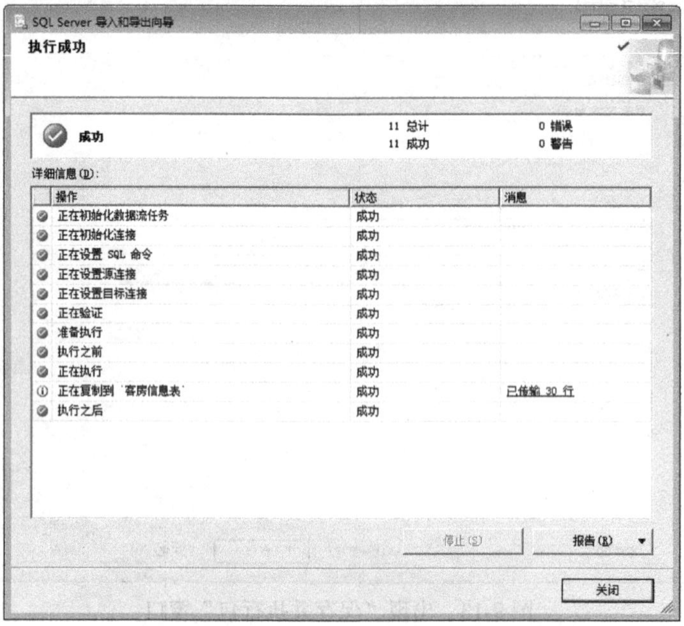

图 9-15　执行是否成功的提示信息框窗口

【示例 9-6】 使用 T-SQL 将示例 9-5 中导出的 Excel 导入到“hotelBook”数据库中的“客房测试表”表中。

(1) 启动 SQL Server Management Studio，并连接到 SQL Server 2012 包含“hotelBook”数据库的数据库实例，打开 SQL Server 2012 的对象资源管理器。

(2) 在“对象资源管理器”窗口中选中服务器节点，单击右键，在弹出的菜单项中选择“方面”子菜单，如图 9-16 所示。

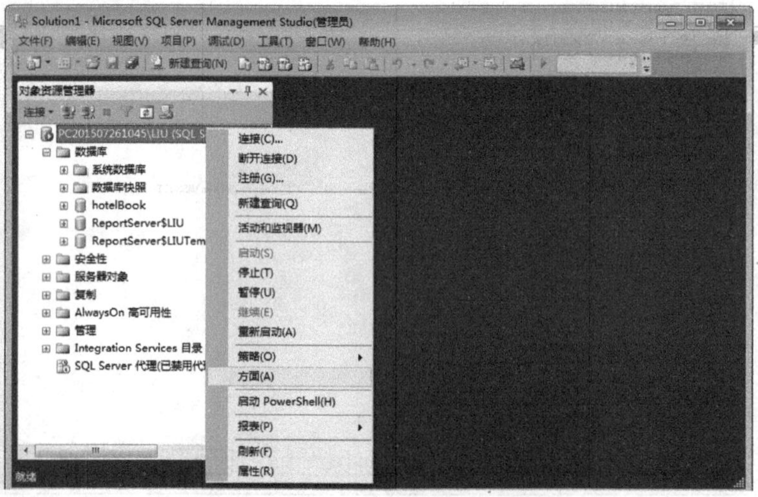

图 9-16　服务器节点“弹出菜单项”

(3) 点击图 9-16 中的“方面”子菜单，将弹出“查看方面”对话框。在该对话框中的“方面”下拉列表中选择“外围应用配置器”，并将 AdHocRemoteQueriesEnabled 设置为 True，如图 9-17 所示。

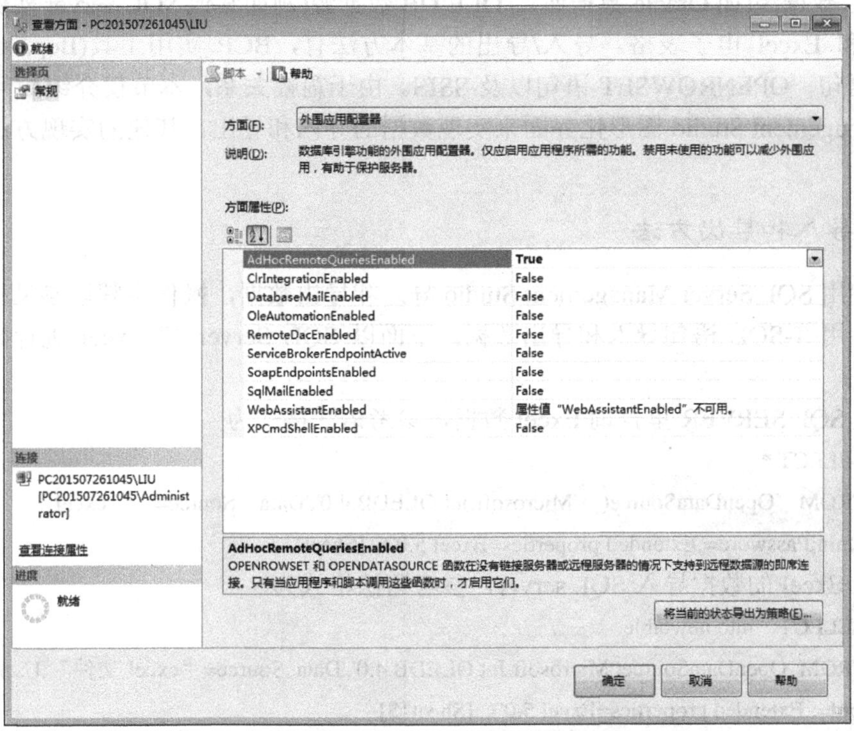

图 9-17　启用“AdHocRemoteQueriesEnabled”窗口

(4) 在 SQL Server Management Studio 查询窗口中运行以下代码：

```
USE hotelBook
GO
SELECT * into 客房测试表
FROM OpenDataSource( 'Microsoft.ACE.OLEDB.12.0','Data Source="D:\databak\客房信息表.xlsx";User ID=Admin;Password=;Extended properties=Excel 12.0')...[客房信息表$]
```

二、必备知识

(一) 导入和导出概述

作为一名数据库管理员，经常需要将一种数据环境中的数据传输到另一种数据环境中，或者是将几种数据环境中的数据经合并复制到某种数据环境中。这里说的数据环境种类较多，它有可能是一种应用程序，有可能是不同厂家的数据库管理系统，也有可能是文本文件、电子邮件或电子表格(Excel)等。将数据从一种数据环境传输到另一种数据环境就是数据的导入/导出。数据的导入/导出功能可以提高数据录入的效率和安全。比如，在酒店管理系统中，可以将酒店指定日期入住的客户信息导出到 Excel 文件中，也可以将 Excel 文件的客房信息导入到 SQL Server 数据表中。

SQL Server 提供多种工具和方法用于各种数据的导入和导出，这些数据源包括文本文件、ODBC 数据源(如 Oracle 数据库)、OLE DB 数据源(例如其他 SQL Server 实例)、ASCII 文本文件和 Excel 电子表格。导入/导出的基本方法有，BCP 实用工具(Bcp.exe)、BULK INSERT 语句、OPENROWSET 语句以及 SSIS。由于篇幅关系，本节仅介绍如何通过 SQL Server Management Studio 图形化界面来实现数据的导入和导出，其他的实现方法请参阅有关资料。

(二) 导入和导出方法

(1) 使用 SQL Server Management Studio 导入和导出数据，操作步骤请参见示例 9-5。

(2) 使用 T-SQL 语句导入和导出数据。下面以 SQL Server 和 Excel 进行导入和导出为例：

① 在 SQL SERVER 里查询 Excel 数据，参考语法格式为

```
SELECT *
FROM OpenDataSource( 'Microsoft.Jet.OLEDB.4.0','Data Source= “ excel 文 件 ” ;User ID=Admin;Password=;Extended properties=Excel 5.0')...[Sheet1$]
```

② 将 Excel 的数据导入 SQL server，参考语法格式为

```
SELECT * into newtable
FROM OpenDataSource('Microsoft.Jet.OLEDB.4.0','Data Source= “excel 文件” ;User ID=Admin;Password=; Extended properties=Excel 5.0')...[Sheet1$]
```

③ 将 SQL SERVER 中查询到的数据导成一个 Excel 文件，参考语法格式为

```
EXEC master..xp_cmdshell 'bcp 库名.dbo.表名 out excel 文件 -c -q –S “servername” –U “sa” –P “ ” '
```

参数说明：S 是 SQL 服务器名；U 是用户；P 是密码。例如，EXEC master..xp_cmdshell 'bcp saletesttmp.dbo.CusAccount out c:\temp1.xls -c -q –S “pmserver” –U “sa” -P “sa” '。

三、实战演练

【演练 9-3】 使用 SQL Server Management Studio 对象资源管理器对“hotelBook”数据库的“结算表”进行导入和导出数据操作。

【演练 9-4】 使用 T-SQL 语句对“hotelBook”数据库的“结算表”进行导入和导出数据操作(以 SQL Server 和 Excel 为例)。

四、课后练习

(1) 数据导入和数据导出的含义是什么？

(2) 将“hotelBook”数据库中的“客户表”导出到一个新建的 Excel 文件中。

(3) 将“hotelBook”数据库中的“客房入住表”导出到一个新建的 Access 文件中。

任务三 身份验证模式和用户管理

一、任务演示

【示例 9-7】 使用 SQL Server Management Studio 创建 Windows 登录账户，操作步骤如下：

(1) 在 Windows 下创建一个名为“winUser001”、密码为“winUser001”的用户(具体创建方法请参考相关 Windows 操作书籍)。

(2) 单击“开始”按钮，选择“程序”-> “Microsoft SQL Server 2012” -> “SQL Server Management Studio” -> “对象资源管理器”。

(3) 单击“安全性”项左侧的加号(+)，展开“安全性”，右击“登录名”，然后选择“新建登录名”选项，打开“登录名-新建”窗口，如图 9-18 所示。

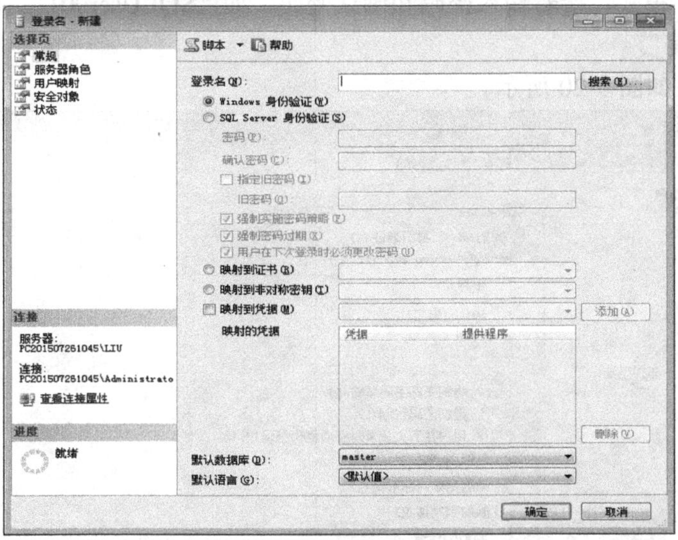

图 9-18 “登录名-新建”窗口

(4) 单击“登录名”框右上角的“搜索”按钮，打开如图 9-19 所示的“选择用户或组”窗口。

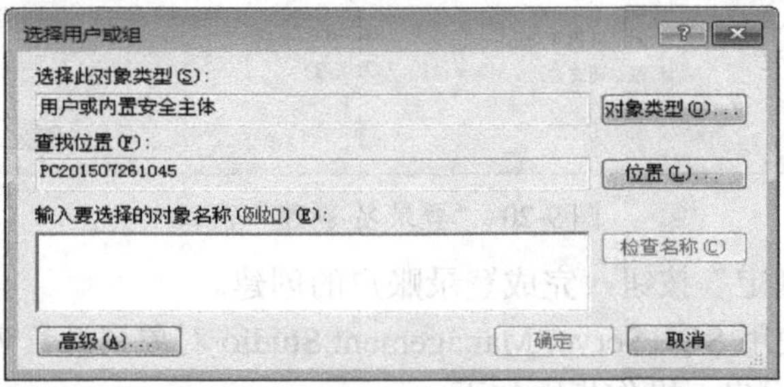

图 9-19 “选择用户或组”窗口

(5) 单击图 9-19 中的“高级”按钮，再单击“立即查找”按钮。在搜索结果中找到名为“winUser001”的用户，选中后单击“确定”按钮。

(6) 返回到“登录名-新建”窗口。这时“登录名”框中显示为“PC01507261045\winUser001”，其中“PC201507261045”为当前计算机名称(具体环境显示会不一样)，然后是“\”，最后是 Windows 下创建的用户名“winUser001”。也可参照此格式直接输入 Windows 下的用户名。

(7) 单击“确定”按钮完成。

【示例 9-8】 使用 SQL Server Management Studio 创建 SQL Server 登录账户，操作步骤如下：

(1) 单击“开始”按钮，选择“程序”->“Microsoft SQL Server 2012”->“SQL Server Management Studio”->“对象资源管理器”。

(2) 单击“安全性”项左侧的加号(+)，展开“安全性”，右击“登录名”，然后选择“新建登录名”选项。打开“登录名-新建”窗口，如图 9-18 所示。

(3) 在“登录名”文本框中输入将要创建账户的名称，如“SQLUser001”，然后选择“SQL Server 身份验证”模式，接着输入密码和确认密码，如“SQLUser001”。再选择“默认数据库”和“默认语言”。

(4) 输入结果如图 9-20 所示。

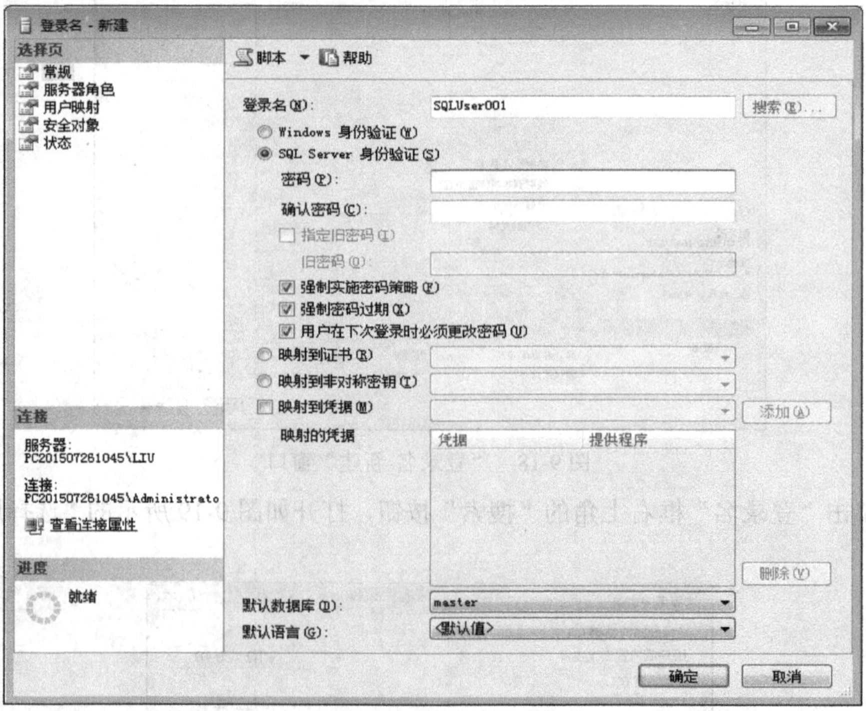

图 9-20 “登录名-新建”窗口

(5) 最后单击“确定”按钮，完成登录账户的创建。

【示例 9-9】 使用 SQL Server Management Studio 对象资源管理器为“hotelBook”数据库创建一个数据库用户，操作步骤如下：

(1) 在“Microsoft SQL Server Management Studio”窗口的“对象资源管理器”中，依次单击“数据库”->“hotelBook”->“安全性”->“用户”，右击“用户”节点，在弹出菜单项中选择“新建用户”，将打开新建数据库用户对话框，如图 9-21 所示。

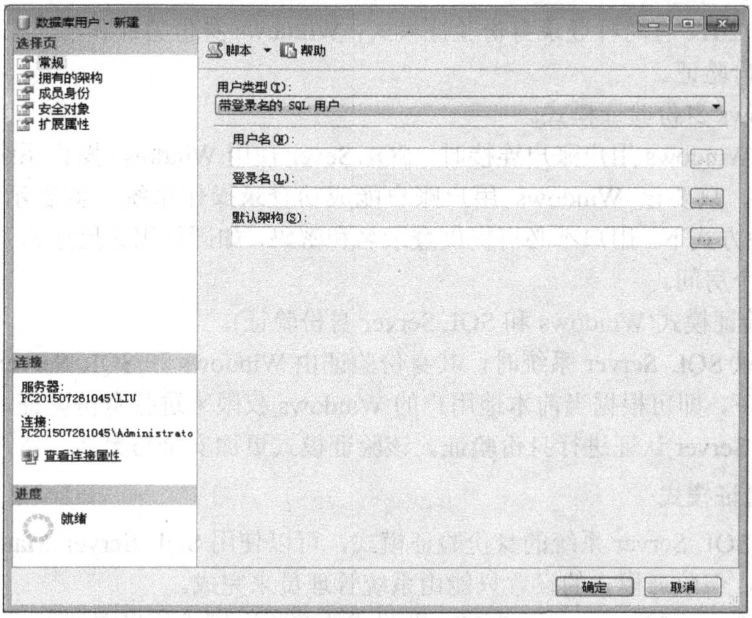

图 9-21　“数据库用户-新建”窗口

(2) 在如图 9-21 所示的界面中，在用户名文本框中输入“SQLUser001”，点击登录名文本框后面的按钮，选择登录名，如图 9-22 和图 9-23 所示。

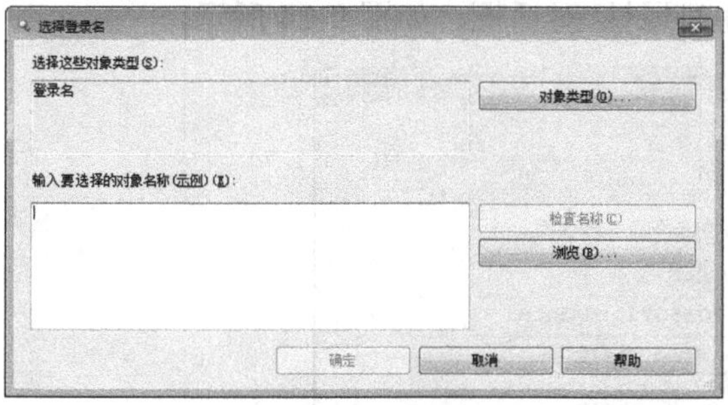

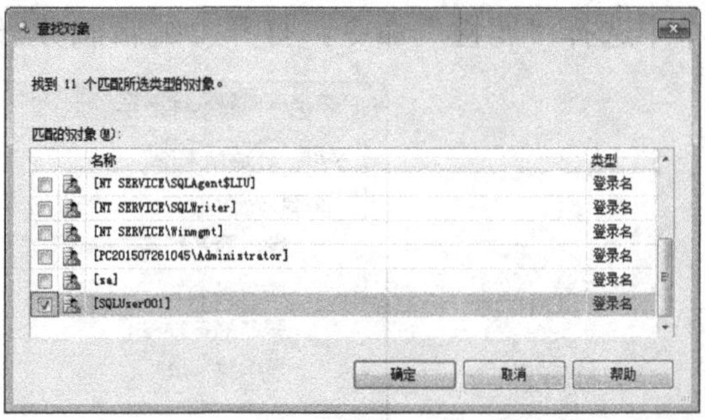

图 9-22　“选择登录名”对话框　　　　图 9-23　“查找对象”对话框

(3) 在“数据库用户-新建”窗口中，选择新建用户“拥有的架构”、数据库角色的“成员身份”。单击“确定”按钮，完成数据库新用户的创建。

二、必备知识

(一) 身份验证模式

当用户使用 SQL Server 时，需要经过两个安全性阶段：身份验证阶段和权限认证阶段。身份验证阶段是验证当前用户是否具有连接 SQL Server 的权限。如果验证通过，可以连接到 SQL Server 2012 服务器上；否则，服务器将拒绝用户登录。权限认证阶段是验证用户具有哪些访问服务器中数据库对象的权限，从而保证了数据库访问的安全性。

1. 验证模式简介

SQL Sever 2012 有两种登录身份验证模式：Windows 身份验证和混合模式(Windows 或 SQL Server)身份验证。

(1) Windows 身份验证模式。

用户通过 Windows 用户账户连接时，SQL Sever 使用 Windows 操作系统中的信息验证账户名和密码。只要该 Windows 用户账户能成功登录操作系统，就表示可以连接 SQL Server。在这种方式下，用户不必再提供登录名和密码，如同你用钥匙进入了房子大门就可以直接进入各个房间。

(2) 混合验证模式(Windows 和 SQL Server 身份验证)。

用户在登录 SQL Server 系统时，其身份验证由 Windows 和 SQL Server 共同进行。在混合验证模式下，即可根据当前本地用户的 Windows 权限来进行身份验证，也可以使远程用户通过 SQL Server 认证进行身份验证。该验证模式更加安全与灵活。

2. 设置验证模式

用户登录 SQL Server 系统的身份验证模式，可以使用 SQL Server Management Studio 工具进行设置，但验证模式的设置只能由系统管理员来完成。

使用 SQL Server Management Studio 设置或改变验证模式的步骤如下：

(1) 打开“SQL Server Management Studio”窗口，选择“视图”->“已注册的服务器”菜单项。

(2) 在“已注册的服务器”窗口中，右击要设置验证模式的服务器，在弹出的快捷菜单中选择“属性”命令，打开“编辑服务器注册属性”对话框，如图 9-24 所示。

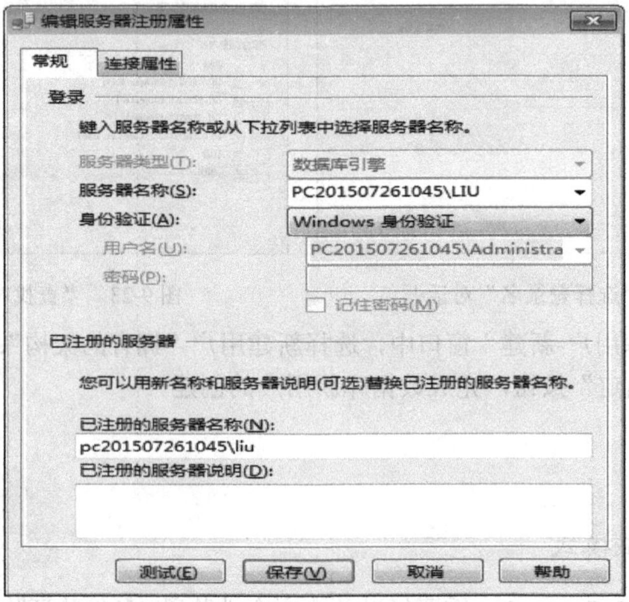

图 9-24　“编辑服务器注册属性”窗口

(3) 在“常规”选项卡中的“服务器名称”下拉列表框中选择要注册的服务器；在“身份验证”下拉列表框中选择身份验证模式“Windows 身份验证”或“SQL Server 身份验证”。

(4) 单击“测试”按钮以确定设置是否正确。单击“保存”按钮，完成设置。

3. 登录账号管理

登录账号是服务器中的一个实体，使用一个登录账号可以进入服务器，但是该账号默认情况下不能访问服务器中的数据库资源。每个登录账号的定义存放在 master 数据库的 syslogins 表中。创建登录账户只能通过系统管理员进行，系统安装完成后，默认情况下会有一个名为 sa(system administrator)的系统管理员登录账号。

(1) 登录账户的创建，有两种方法：

① 使用 SQL Server Management Studio 创建登录账户创建步骤请参见示例 9-7 和示例 9-8。

② 使用 T-SQL 语句创建登录账户，创建登录账户的语法为

```
sp_addlogin   [ @loginame = ] 'login '
  [ ,[   @passwd   =   ]   'password '   ]
  [ , [ @defdb = ] 'database ' ]
```

参数说明：

[@loginame =] 'login '：指定登录账户的名称，无默认值。

[@passwd =] 'password '：指定登录密码，默认值为 NULL。

[@defdb =] 'database '：指定登录的默认数据库，默认设置为 master。

(2) 登录账户的删除，有两种方法。

① 使用 SQL Server Management Studio 删除登录账户。

在“SQL Server Management Studio”窗口的“对象资源管理器”中，依次展开“服务器”-> “安全性”-> “登录名”。右击某一登录账户，在弹出的快捷菜单中选择对当前选中登录的相应操作，如进行查看、修改、重命名或删除等，如图 9-25 所示。

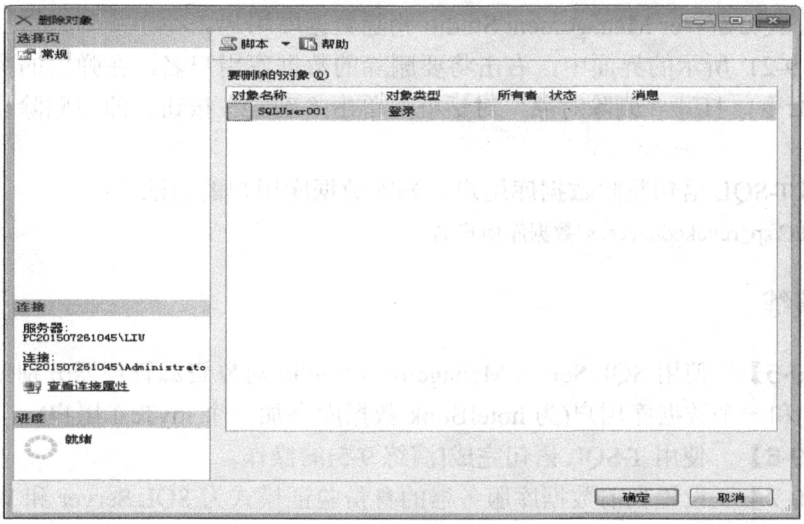

图 9-25　删除登录名对象窗口

② 使用 T-SQL 语句删除登录账户，删除登录账户的语法为

```
EXEC sp_revokelogin '登录账户名'
```

(二) 用户管理

1. 数据库用户简介

登录账号属于服务器的层面，是指可以连接并登录到 SQL Server 服务器的用户。默认情况下，还不能访问数据库中的对象，若要访问数据库对象，还必须与某个数据库用户建立映射关系，通过该数据库用户取得访问数据库对象的权限。

数据库用户是登录账户在某个数据库中的映射，总是与某一登录账户存在映射关系。比如，系统内置的登录账号 sa 就与数据库用户 dbo 关联，数据库用户名可以与登录账户名相同，也可以不同。一个登录名可以被授权访问多个数据库，但一个登录名在每个数据库中只能映射一次。即一个登录可对应多个用户，一个用户也可以被多个登录使用。好比 SQLSERVER 就像一栋大楼，里面的每个房间都是一个数据库。登录名只是进入大楼的钥匙，而用户名则是进入房间的钥匙。一个登录名可以有多个房间的钥匙，但一个登录名在一个房间只能拥有此房间的一把钥匙。

2. 数据库用户管理

(1) 数据库用户的创建，有两种方法：

① 使用 SQL Server Management Studio 创建数据库用户，创建步骤请参见示例 9-9。

② 使用 T-SQL 语句创建数据库用户。

用于创建数据库用户的存储过程有 sp_grantdbaccess 和 sp_adduser 两个，其语法格式分别为：

```
EXEC sp_grantdbaccess '登录账户' , '数据库用户'
EXEC sp_adduser '登录账户', '数据库用户'
```

(2) 数据库用户的删除，有两种方法：

① 使用 SQL Server Management Studio 删除数据库用户。

在如图 9-21 所示的界面中，右击将要删除的数据库用户名，在弹出的快捷菜单中选择“删除”命令，打开“删除对象”对话框，单击“确定”按钮，即可删除相应的数据库用户。

② 使用 T-SQL 语句删除数据库用户，删除数据库用户的语法为：

```
EXEC sp_revokedbaccess '数据库用户名'
```

三、实战演练

【演练 9-5】 使用 SQL Server Management Studio 对象资源管理器分别创建一个登录账户(myTest)和一个数据库用户(为 hotelBook 数据库添加一个 myTest 用户)。

【演练 9-6】 使用 T-SQL 语句完成[演练 9-5]的操作。

【演练 9-7】 设置当前数据库服务器的身份验证模式为 SQL Server 和 Windows 身份验证模式，并试着用 SQL Server 身份验证模式，登录名采用 sa 连接当前数据库服务器。

四、课后练习

1．简述登录账户和数据库用户的关系和区别。

2．SQL Server 提供哪两种用户认证模式？各自的含义是什么？

3．采用 Windows 验证方式登录时，只要用户通过 Windows 用户账户验证，就可(　　)到 SQL Server 数据库服务器。

A．连接　　B．集成　　C．控制　　D．转换

4．在 SQL Server 2012 的两种认证模式中，其中在(　　)方式下，需要客户端应用程序连接时提供登录时需要的用户标识和密码。

A．Windows 身份验证　　B．SQL Server 身份验证

C．以超级用户身份登录时　　D．其他方式登录时

5．系统管理员需要为所有的登录名提供有限的数据库访问权限，以下(　　)方法能最好地完成这项工作。

A．为每个登录名增加一个用户，并为每个用户单独分配权限

B．为每个登录名增加一个用户，将用户增加到一个角色中，为这个角色授权

C．为 Windows 中的 Everyone 组授权访问数据库文件

D．在数据库中增加 Guest 用户，并为它授予适当的权限

6．使用系统管理员登录账户 sa 时，以下操作不正确的是(　　)。

A．虽然 sa 是内置的系统管理员登录账户，但在日常管理中最好不要使用 sa。进行登录

B．只有当其他系统管理员不可用或忘记密码，无法登录到 SQL Server 时，才使用 sa 这个特殊的登录账户

C．最好总是使用 sa 账户登录

D．使系统管理员成为 sysadmin 固定服务器角色的成员，并使用各自的登录账户来登录

任务四　角色和权限的管理

一、任务演示

【示例 9-10】　使用 SQL Server Management Studio 创建用户自定义数据库角色，操作步骤如下：

(1) 在“Microsoft SQL Server Management studio”窗口的“对象资源管理器”中，依次单击“服务器”->“数据库”->“hotelBook”->“安全性”->“角色”，右击“数据库角色”，在弹出的快捷菜单中选择“新建数据库角色”命令，打开“数据库角色-新建”窗口，如图 9-26 所示。

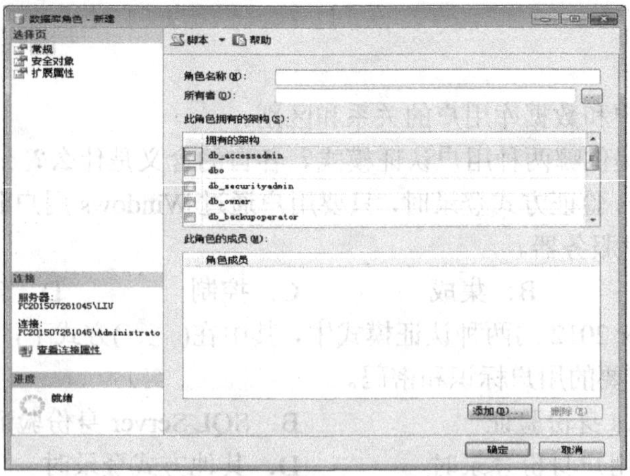

图 9-26　“数据库角色-新建”窗口

(2) 在“角色名称”文本框中输入角色名，然后在“所有者”文本框中输入角色名，或单击“浏览”按钮，在弹出的“选择数据库用户或角色”对话框中从所有可用数据库用户、数据库角色的列表中选择角色的成员身份。接着单击“添加”按钮向该角色中添加成员，最后单击“确定”按钮，完成数据库角色的创建。

【示例 9-11】　使用 SQL Server Management Studio 设置数据库用户的操作权限，操作步骤如下：

(1) 在“Microsoft SQL server Management Studio”窗口的“对象资源管理器”中，依次单击 “服务器”->“数据库”->“hotelBook”->“表”；在右边“摘要”窗口中，右击要设置权限的表，在弹出的快捷菜单中选择“属性”命令，打开“表属性”窗口，然后打开“权限”选项卡，如图 9-27 所示。

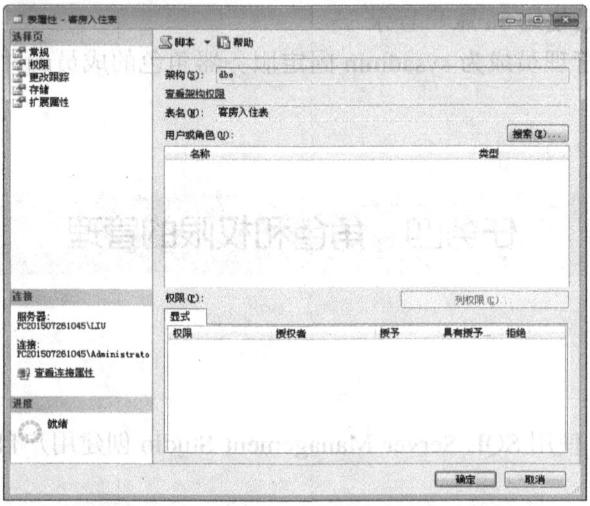

图 9-27　“表属性”窗口的“权限”选项卡

(2) 单击“搜索”按钮，打开“选择用户或角色”对话框；单击“浏览”按钮，打开“选择对象”对话框，选择要设置权限的数据库用户。添加数据库用户后，弹出“表属性-客房入住表”窗口，如图 9-28 所示。

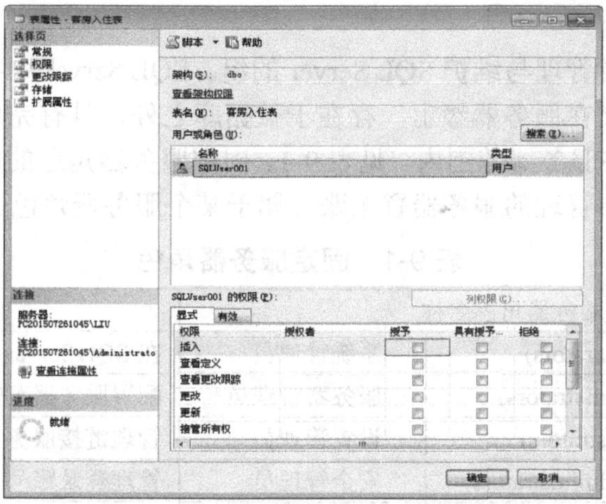

图 9-28　“表属性”窗口的“权限”选项卡

(3) 在图 9-28 所示对话框中用户的显式权限设置区中，将各类权限设置为“授予”、“具有授予权限”或“拒绝”，或者不进行任何设置。选中“拒绝”将覆盖其他所有的设置。如果未进行任何设置，将从其他组成员身份中继承权限(如果有的话)。最后单击“确定”按钮，完成权限的设置。

【示例 9-12】　使用 T-SQL 语句给[演练 9-5]中创建的 myTest 数据库用户授予对“hotelBook”数据库中“用户表”的 SELECT 权限，操作步骤如下：

在 SQL Server Management Studio 查询窗口中运行以下代码：

```
USE hotelBook
GO
GRANT SELECT ON 用户表 TO myTest
GO
```

以上程序代码运行以后，若此时再用 myTest 用户连接当前服务器，在对象资源管理器窗口中展开“hotelBook”数据库节点下的表，可以发现“表”节点下的用户表只有用户表是可见的，其它表是不允许操作的。

二、必备知识

(一) 角色的管理

角色是指服务器管理、数据库管理和访问的机制，包含两方面的内涵：一是角色的成员，二是角色的权限，即指定角色中成员允许行使的权限。角色通过添加或删除成员的方法来增减成员，通过授予、拒绝或撤销方法来增减权限。因此，权限可理解为现实生活中的岗位或职务，通过任免指定职务的人员，通过赋予或撤销增减职务的权限。

1. 角色简介

在 SQL Server 中，系统管理员可以将数据库用户设置为相应的角色，通过对角色的权限设置，即可实现对用户权限的设定，从而可大大减轻系统管理员的工作量。角色分为两类：服务器角色和数据库角色。

1) 服务器角色

服务器角色是负责管理与维护 SQL Server 的组。SQL Server 中共有八种固定服务器级别角色，这些角色定义在服务器级上，存在于数据库之外，具有完成特定服务器级管理活动的权限，其作用域在服务器范围内，见表 9-1。固定服务器角色的成员是服务器的登录账户，一般只是指定需要管理的服务器登录账号属于某个服务器角色。

表 9-1　固定服务器角色

固定服务器角色名称		权　力
sysadmin(System Administrators)	系统管理员	在 SQL Server 中执行任何活动
Serveradmin(Server Administrators)	服务器管理员	配置服务器范围内的设置
setupadmin(Setup Administrators)	设置管理员	管理链接服务器和启动过程
securityadmin(Security Administrators)	安全管理员	管理登录账号和创建数据库等
processadmin(Process Administrators)	进程管理员	管理在 SQL Server 中运行的进程
dbcreator(Database Creators)	数据库创建者	创建、更改数据库
diskadmin(Disk Administrators)	磁盘管理员	管理磁盘文件
bulkadmin	大容量插入操作管理者	执行 BULK INSERT(大容量插入)语句

2) 数据库角色

在对数据库用户进行管理时，可以将具有相同权限的用户归属于同一个角色。这些角色具有管理或访问数据库或数据库对象等数据库专有的权限。一个数据库用户可以隶属于多个数据库角色。在 SQL Server 中，数据库级别的角色又可以分为固定数据库角色、用户自定义数据库角色和应用程序角色。

(1) 固定数据库角色。固定数据库角色是由数据库成员所组成的组，此成员可以是用户或者其它的数据库角色。在创建一个数据库时，系统默认创建 10 个固定的数据库角色，见表 9-2。这类角色的权限由 SQL Server 系统预定义，除 public 角色外，其它角色的权限都是固定的、不可更改或删除，只允许为其添加或删除成员。

表 9-2　固定数据库角色

固定数据库角色名称	描　述
public	最基本的数据库角色
db_owner	在数据库中拥有全部权限
db_accessadmin	用户管理者，可以添加或删除用户 ID
db_securityadmin	安全管理者，可以管理全部权限、对象所有权、角色和角色成员资格
db_ddladmin	可以发出除 GRANT、REVOKE、DENY 之外的所有数据定义语句(DDL)
db_backupoperator	备份操作者，可以发出 DBCC、CHECKPOINT 和 BACKUP 语句
db_datareader	数据读者，可以读取本数据库内任何表中的数据
db_datawriter	数据写者，可以对本数据库内任何表进行添、删、改
db_denydatareader	不能读取库内任何数据用户
db_denydatawriter	不能修改库内任何数据用户

其中，public 数据库角色是一个特殊的数据库角色，当在数据库中添加新用户账户时，SQL Server 会自动将新的用户账户加入 public 数据库角色。public 角色可以通过授予、拒绝或撤销方法增减权限，供数据库中所有数据库用户使用，即提供数据库用户的默认权限。

(2) 自定义数据库角色。自定义数据库角色是由用户定义，存在于数据库中，作用在各自数据库之内，允许用户增减权限、添加或删除成员的角色。若准备为数据库用户设置的权限与系统固定数据库角色存在差异，系统管理员可以根据需求定义新的角色，使用户具有某些特定的权限。定义自定义数据库角色的目的是为了方便权限管理。

(3) 应用程序角色。应用程序角色用来控制应用程序存取数据的，本身并不包括任何成员。在编写数据库的应用程序时，可以自定义应用程序角色，让应用程序的操作能用编写的程序来存取 SQL Server 的数据。也就是说，应用程序的操作者本身并不需要在 SQL Server 上拥有登录账户以及用户账号，但是仍然可以存取数据库。

2. 自定义数据库角色的管理

(1) 自定义数据库角色的创建，有两种方法：

① 使用 SQL Server Management Studio 创建自定义数据库角色，创建步骤请参见[示例9-10]。

② 使用 T-SQL 语句创建自定义数据库角色，创建自定义数据库角色的语法为

```
sp_addrole [@rolename =]'role' [, [@ownername =]'owner']
```

参数说明：

[@rolename =]'role'：新数据库角色的名称。role 的数据类型为 sysname，没有默认值。role 必须是有效标识符(ID)，并且不能是当前数据库中已存在的名称。

[@ownername =]'owner'：新数据库角色的所有者。owner 的数据类型为 sysname，默认值为当前正在执行的用户。owner 必须是当前数据库的数据库用户或数据库角色。

(2) 自定义数据库角色的删除，有两种方法：

① 使用 SQL Server Management Studio 删除自定义数据库角色。

在“Microsoft SQL Server Management Studio”窗口的“对象资源管理器”中，依次单击“服务器”->“数据库”->“hotelBook”->“安全性”->“角色”->“数据库角色”；右击将要删除的数据库角色，在弹出的快捷菜单中选择“删除”命令，在打开的“删除对象”对话框中，单击“确定”按钮，如果该数据库角色无成员，则该角色将被删除；如果该数据库角色已有成员系统，则将给出错误提示。将角色中的成员删除后，即可将该数据库角色删除。

② 使用 T-SQL 语句删除数据库用户，删除自定义数据库角色的语法为

```
sp_droprole [@rolename=] 'role'
```

参数说明：

[@rolename=] 'role'：要从当前数据库中删除的数据库角色的名称。role 的数据类型为 sysname，无默认值。role 必须已经存在于当前数据库中。

（二）权限的管理

1. 权限简介

权限用来指定授权用户可以使用的数据库对象以及对这些数据库对象可以执行的操作。用户登录到 SQL Server 服务器后，角色和用户的权限已被决定对数据库所能执行的操作权限，在 SQL Server 中权限分为 3 类，分别是对象权限、语句权限和隐含权限。

1) 对象权限

对象权限是决定用户操作的数据库对象，它主要包括数据库中的表、视图、存储过程等对象。如果用户想要对某个对象进行操作(如 UPDATE、DELETE、INSERT、EXECUTE)，则必须具有相应操作的权限。

不同类型的对象所支持的操作也是不一样的。例如，数据表支持 SELECT、INSERT、UPDATE、DELETE、REFERENCE；视图支持 SELECT、INSERT、UPDATE、DELETE；存储过程支持 EXECUTE；列支持 SELECT、UPDATE。

2) 语句权限

语句权限是指用户能够创建数据库或数据库对象的权限，即用户是否具有执行某一语句的权限。这些语句通常是一些具有管理性的操作，如创建和删除对象、备份和恢复数据库。所有的语句权限见表 9-3。

表 9-3 语句权限及操作

语　句	操　作
BACKUP DATABASE	执行备份数据库的操作
CREATE DATABASE	创建新的数据库
BACKUP LOG	执行份事务日志库的操作
CREATE DEFAULT	创建默认
CREATE FUNCTI0N	创建自定义函数
CREATE PROCEDURE	创建存储过程
CREATE RULE	创建规则
CREATE TABLE	创建表
CREATE VIEW	创建视图

3) 隐含权限

隐含权限控制那些只能预定义系统角色的成员或数据库对象所有者执行的活动。例如，sysadmin 固定服务器角色成员自动继承在 SQL Server 安装中进行操作或查看的全部权限。

在 SQL Server 中，数据库对象所有者以及服务器固定角色也均具有隐含权限，可以对所拥有的对象执行一切活动。例如，拥有表的用户以查看、添加或删除数据、更改表定义或控制允许其他用户对表进行操作的权限。

2．权限的管理

权限的管理主要是完成对权限的授予、拒绝和撤回。管理权限可以通过以下方式来实现：

从数据库的角度来管理；从用户或角色的角度来管理；从数据库对象的角度来管理。

(1) 使用 SQL Server Management Studio 管理权限，设置步骤请参见示例 9-11。

(2) 使用 T-SQL 语句设置权限。

① 使用 GRANT 语句授予权限，其语法格式为

```
GRANT 权限名称[,…n] ON 表名|视图名|存储过程名 TO 用户账号
```

② 使用 DENY 语句拒绝权限，其语法格式为

```
DENY 权限名称[,…n] ON 表名|视图名|存储过程名 TO 用户账号
```

③ 使用 REVOKE 语句撤回权限，其语法格式为

```
REVOKE 权限名称[,…n] ON 表名|视图名|存储过程名 FROM 用户账号
```

三、实战演练

【演练 9-8】 用 SQL Server Management Studio 对象资源管理器管理 hotelBook 数据库的权限；管理数据库用户 myTest 的权限。

【演练 9-9】 用 T-SQL 语句拒绝 myTest 对“hotelBook”数据库中“用户表”的 SELECT 权限。

【演练 9-10】 回用户账户 SQLuser001 的 CREATE TABLE 权限。

四、课后练习

1．简述 SQL Server 的数据访问的安全机制。
2．简述从建立登录账户到设置数据访问权限的步骤。
3．什么是固定服务器角色？有哪些固定服务器角色？
4．什么是固定数据库角色？有哪些固定数据库角色？

项目十 数据库综合应用

——酒店客房管理系统

酒店业是一个前景广阔而又竞争激烈的行业。改革开放以来，我国的酒店业迅速发展，已经成为一个具有相当规模的产业。酒店客房管理使用手工处理账务，存在许多现金流失的漏洞，使用软件来管理宾馆业务，结账既准确，速度又快，而且统计的报表也快捷。因此，要想使酒店的工作质量和效率提高，采用先进的计算机网络通信技术改变酒店业务模式，实现酒店业务管理的自动化已经成为一种必然。

本项目是以 .NET 为开发平台，采用 C# 程序设计语言编写，以 SQL Server 2012 为后台数据库开发的一个酒店客房管理系统，提高读者数据库综合应用的能力。本项目共分为 4 个任务：

(1) 需求分析。

(2) 系统设计。

(3) 系统实现。

(4) 系统运行与测试。

任务一 需求分析

在实际的项目中，需求分析是很重要的一个环节，这个环节会直接影响项目的开发过程和质量。实际中，这个环节不但需要系统分析师、软件工程师等计算机方面的专家，还需要相关领域的专家参与才能完成。本文中所研发的酒店客房管理系统仅仅是一个原型，主要用于教学中的部分功能演示，在实际应用中还有待进一步完善和加强。

一、酒店客房管理系统概述

酒店，是为客人提供住宿、餐饮、娱乐和其他服务的综合性服务企业。随着我国旅游业的飞速发展，以及社会生活水平的普遍提高，人们对于酒店的消费不断提出更高、更多样性的要求。如何以酒店企业所拥有的有限的人力、物力、财力和信息资源更好地服务于住店客人，满足客人的各种消费需求，在当今前景广阔而又竞争激烈的酒店行业中，是经营好酒店企业的重要问题。

本项目主要实现的是对酒店的客房进行管理，使用户能轻松地找到所需要的客房信息，提供订房和退房服务，并对酒店客房的业绩进行统计，为酒店管理人员了解一定时间段里酒店的客房管理情况与酒店的经营情况提供快捷、方便、高效的管理手段，以实现服务管理的电子化、自动化，提高酒店客房管理的办公效率，及时为客户提供服务，为提高和改善酒店的服务质量提供保证。

二、酒店客房管理系统需求分析

需求分析在系统的使用者和开发者之间建立一条沟通桥梁，由双方共同商定软件系统功能的需要和如何实现等。它是数据库管理系统开发的第一步，也是最重要的一步。

(一) 系统角色需求分析

本系统主要面向前台操作人员和管理人员两种角色，各个角色需求分析如下：

1. 操作人员对本系统的需求

(1) 客房信息管理：可对酒店客房的相关信息进行管理，一般包括对客房的基本信息(如客房号、客房价格等)进行检索、录入等操作。

(2) 客房预订管理：能实现客户对酒店客房的预定要求。

(3) 客房订房及入住管理：能实现客户对酒店客房的订房以及预订转入住要求。

(4) 客房退房管理：能实现客户的退房要求，并进行费用结算。

(5) 客户信息管理：可对入住过酒店的客户信息进行查询，包括对客户的基本信息(如身份证号、客户姓名、联系电话)进行检索。

2. 员工对本系统的需求

(1) 拥有对客房管理的所有操作需求，包括预定管理、客房查询、设置房态、开房、换房、续住、退房等管理。

(2) 系统设置管理：可根据需要修改系统相关设置。

(二) 系统可行性需求分析

可行性分析是对项目的可能性和必要性进行分析，避免盲目投资。可行性分析主要包括必要性分析和效益分析，以决定是否建立管理信息系统，同时在前述分析基础上还要进一步进行技术可行性分析、投资效益分析、组织管理、社会可行性分析，确定是否存在项目的可能性。

1. 技术可行性分析

酒店管理系统应将酒店的客房、预订、入住、客户、退房、消费等信息存储到计算机系统，为酒店建立一个完善的信息资源库。从硬件来看，目前市场上所提供的硬件资源均可以满足系统开发的需要，而且各酒店现有的硬件设备都可以用在系统中；从软件上看，系统使用微软公司推出的最新 Visual Studio 2010 作为开发环境，它可以用来创建 Windows 平台下的 Windows 应用程序和网络应用程序，也可以用来创建网络服务、智能设备应用程序和 Office 插件。后台数据库采用 Microsoft SQL Server 2012，它是一个支持多用户的新型数据库，适用于大中规模的数据量需求。

2. 经济可行性分析

该系统需要投资费用主要包括开发费用以及后期的运行维护费用，其中开发费用主要包括设备费用、人员劳务费及其他费用，通常为了保证新系统运行的可靠性，要求手工和计算机处理长时间并存。系统的收益主要体现在提高工作效率，从而提高酒店服务管理水平，另外，还有一定程度上为管理者决策提供数据支持及其他一些难以计算的指标：

(1) 使用系统后管理节省的人力，减轻的劳动强度。

(2) 降低的成本及其他费用。

(3) 改进工作方式，提高了工作效率。

(4) 提高数据处理和分析的及时性和准确性。

3．操作可行性分析

系统利用 B/S 结构架构，用户通过接入互联网即可访问。WEB 服务存在于内部局域网的服务器，酒店所有部门都可以在操作权限范围内进行访问，系统界面设计简洁，操作简便，只要稍微懂得一些酒店业务流程，以及一定的计算机操作技能，就可以使用此类系统。对于一些完全没有经验的用户，也只需稍加培训即可熟悉。

三、酒店客房管理系统功能模块

根据上述酒店客房管理系统的需求分析，结合软件设计的实际情况，本系统的功能模块设计如图 10-1 所示。

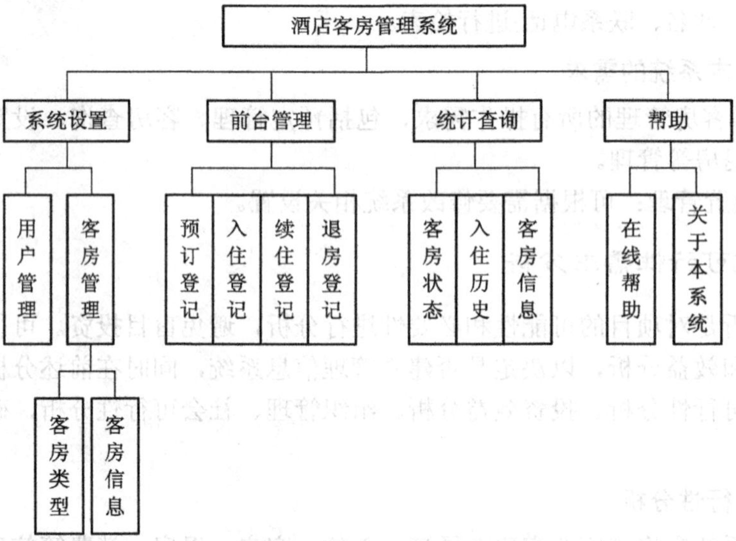

图 10-1 客房管理系统功能模块

任务二 系统设计

一、体系结构设计

过去在应用系统开发过程中，客户端/服务器端(Client/Server，即 C/S)体系结构得到了广泛的应用，其特点是应用程序逻辑通常分布在客户和服务器两端，客户端发出数据资源访问请求，服务器端将结果返回客户端。C/S 结构存在着很多体系结构上的问题，如：当客户端数目变大时，服务器端的性能会因为负载过重而迅速衰减；一旦应用的需求发生变化，客户端和服务器端的应用服务程序都需要进行修改，给应用维护和升级带来了极大的不便；大量的数据传输增加了网络的负载等。

在多层分布式应用中，客户端和服务器端之间加入了一层或多层“应用服务程序”，这种程序称为“业务逻辑层”。开发人员可以将业务逻辑放在这一层，使其与用户界面分开。在保证客户端功能的前提下，为用户提供了一个简洁的界面。这意味着如果需要修改应用程序代码，只需要对业务逻辑层进行修改，而不用修改成千上万的客户端应用程序，从而使开发人员可以专注于应用系统核心业务逻辑的分析、设计和开发，简化了应用系统的开发、更新和升级工作。

当前比较先进的软件体系结构就是上面所说的“三层结构”。所谓“三层”是指“表示层”、“业务逻辑层”和“数据访问层”。下面对其进行详细的解释。

(1) 表示层(Presentation Layer，PL)：位于最外层(最上层)，离用户最近，用于显示数据和接受用户输入的数据，为用户提供一种交互式操作的界面。

(2) 业务逻辑层(Business Logic Layer，BLL)：负责处理用户输入的信息，或者是将这些信息发送给数据访问层进行保存，或者是调用数据访问层中的方法再次读出这些数据。这一层通常用高级语言的类来编写。

(3) 数据访问层(Data Access Layer，DAL)：仅实现对数据的保存和读取操作；可以访问数据库系统或其他支持的数据存储对象，如 XML 文件等。这一层可以由 C#编写的类来实现，也可以由类型化的 DataSet 等实现。

三层结构通常用在业务逻辑比较复杂的应用项目中，为了让读者能够体会到三层模式的优点，本项目也采用三层模式的体系结构，如图 10-2 所示。

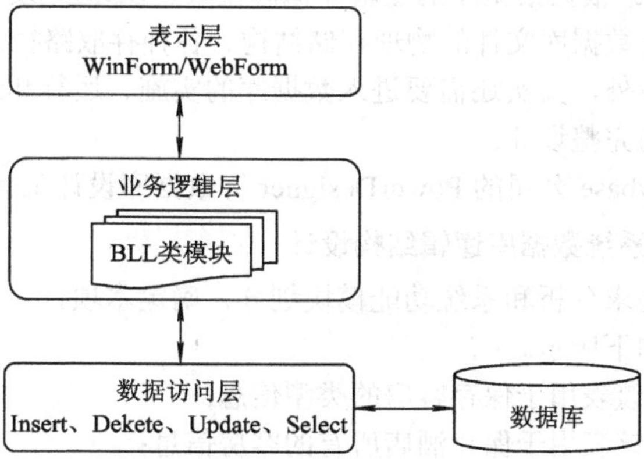

图 10-2　三层体系结构

二、数据库设计

数据库设计是指对于给定的硬件、软件环境，针对应用问题，设计一个较优的数据模型，依据此模型建立数据库中表、视图等结构，并以此为基础构建数据库信息管理应用系统。数据库结构设计的好坏直接影响到酒店管理系统的效率和实现的效果，合理地设计数据库结构可以提高数据存储的效率，保证数据的完整和统一。

1．数据库设计的步骤

数据库设计是整个系统开发的重要环节，其设计方法中比较著名的是新奥尔良(New Orlean)方法，这种方法将数据库设计分为四个阶段，即需求分析、概念结构设计、逻辑结构设计、物理结构设计阶段，如图 10-3 所示。

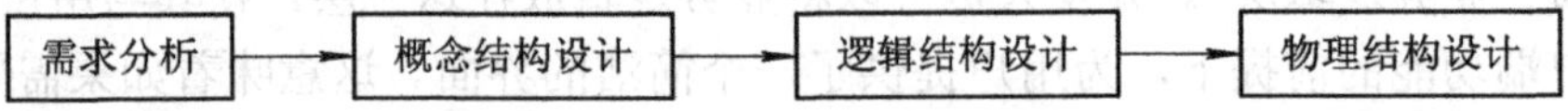

图 10-3　数据库设计步骤

(1) 需求分析阶段。需求分析主要是了解和分析用户需求，有针对性地收集信息并对信息进行分析和整理，从而为后续的各个阶段提供充足的信息，即首先必须确认数据库的用户和用途。由于数据库是一个单位的模拟，数据库设计者必须对一个单位的基本情况有所了解。收集和分析这些资料的过程称为需求分析。

(2) 概念结构设计阶段。概念模型是一种独立于计算机系统，用于建立信息世界的数据模型，反映现实系统中有应用价值的信息，它是现实世界的第一层抽象，是用户和数据库设计人员之间进行交流的工具。该阶段是整个数据库设计的关键，对需求分析的结果进行综合、归纳，从而形成一个独立于具体数据库管理系统的概念数据模型。通常使用 E-R 图来描述概念结构。

(3) 逻辑结构设计阶段。逻辑结构设计的任务是把概念结构设计阶段产生的概念数据库模式变换为与选定的数据库管理系统相符合的逻辑结构，即把 E-R 图转换为数据模型。逻辑结构设计一般包含两个步骤，分别是将 E-R 图转换为初始的关系数据库模式和对关系模式进行规范化处理。

(4) 物理设计阶段。根据数据库的逻辑和概念模式、DBMS 及计算机系统所提供的功能和施加的限制，设计数据库文件的物理存储结构、各种存取路径。

除了上述四个阶段外，其实还需要进入数据库的实施、运行和维护阶段。这样，才算真正完成一个数据库的完整设计。

提示：建议使用 Sybase 公司的 PowerDesigner 等数据库设计工具软件来辅助完成设计。

2．酒店客房管理系统数据库逻辑结构设计

经过前面的系统需求分析和系统功能模块划分，确定本项目中需要手动创建的表主要有 7 个，它们的用途如下所示。

(1) 客房类型表：该表用于保存客房的类型信息；

(2) 客房信息表：该表用于保存酒店所有的客房信息；

(3) 客房预订表：该表用于保存客房预订信息；

(4) 客房入住表：该表用于保存客房入住信息，信息可由预订单转入；

(5) 客户信息表：该表用于保存入住过酒店所有客户的信息；

(6) 结算表：该表用于保存酒店客房经营收入信息；

(7) 用户表：该表用于保存可使用本系统的操作员信息。

每个表的逻辑结构设计，请参见本书项目一中的任务三酒店客房管理系统数据库设计实例。

任务三　系 统 实 现

一、三层项目结构的搭建

三层项目结构的搭建主要介绍如何使用 VS2010 集成开发环境，创建一个符合三层逻辑结构的项目框架。通过框架里面的每一层编码实现，最终完成表示层、业务逻辑层和数据访问层之间的数据加工、处理和传输。

1．搭建表示层

创建一个 Windows 窗体应用程序，具体步骤如下：

(1) 打开 VS2010 的菜单项，选择“新建”->“项目”命令，如图 10-4 所示。

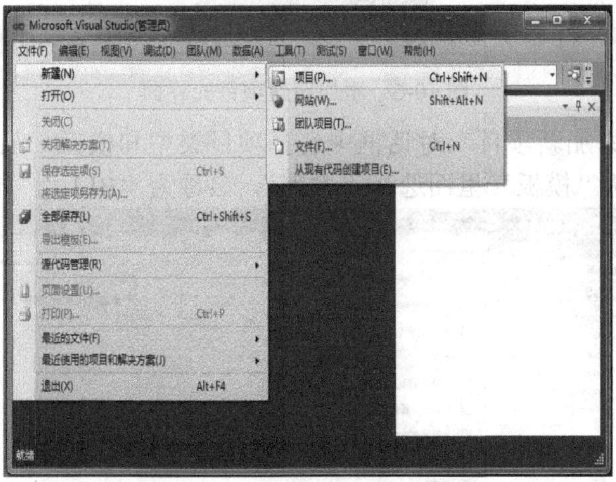

图 10-4　新建一个项目的界面

(2) 在“新建项目”对话框填写名为“hotelBookWindows 窗体应用程序，如图 10-5 所示。

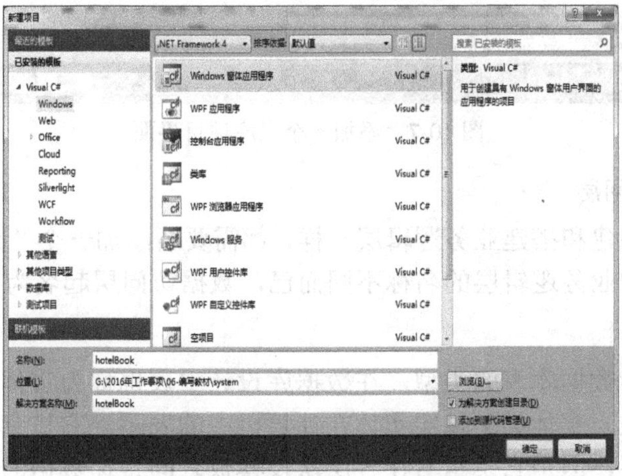

图 10-5　“新建项目”对话框

2. 搭建业务逻辑层

(1) 打开 VS2010 的菜单项，选择“添加”->“新建项目”命令，如图 10-6 所示。

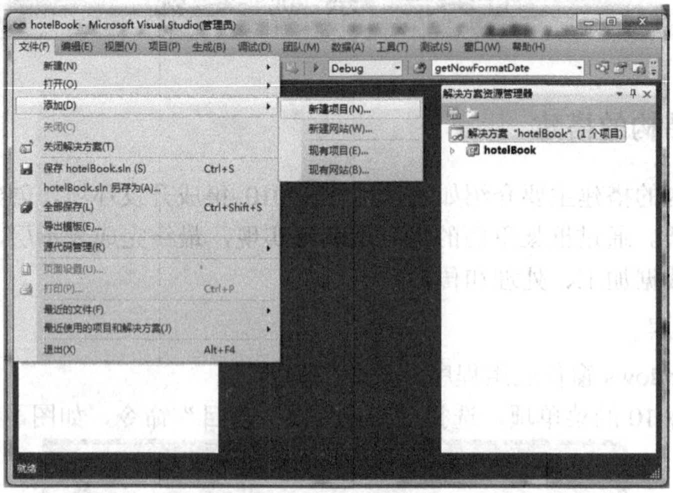

图 10-6　添加新建项目的界面

(2) 在弹出的“添加新项目”对话框中选择项目类型和模板。从“项目类型”列表中选择“Visual C#”，从“模板”里面选择“类库”，名称为“BLL”，如图 10-7 所示。

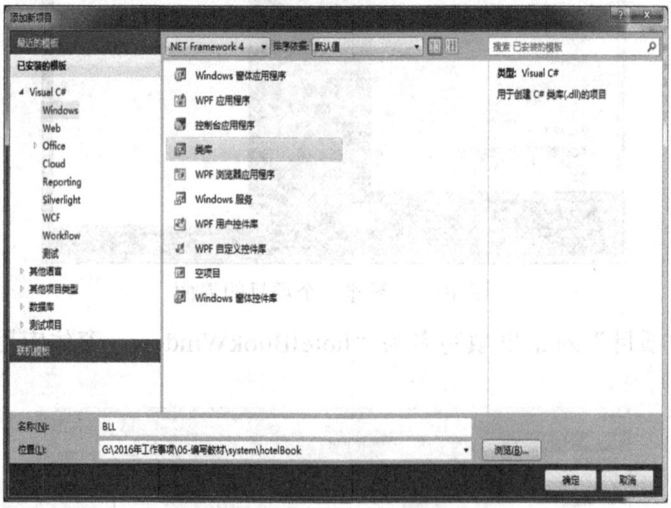

图 10-7　添加一个类库项目界面

3. 搭建数据访问层

数据访问层的搭建和搭建业务逻辑层一样，都需要新添加一个“类库”，只是这里给数据访问层起的名称和业务逻辑层的名称不同而已，数据访问层起名为“DAL”。

4. 实体类的设计

实体类通常是指数据库表的类型，在数据库设计中表也称为实体，所以在程序里面将表的类型称为实体类。实体类是现实实体在计算机中的表示。它贯穿于整个架构，它不属于三层中的任何一层，但是它负担着在各层次及模板之间传递数据的职责。一般情况下，实体类和数据库中的表是一一对应的。在三层项目结构的框架中搭建实体类也和搭建业务逻辑层类似，在当前解决方案中新添加一个名为“Entity”的类库项目，该项目中的类文件一般是参照数据库中的表结构进行定义的。

二、三层结构和实体类的代码实现

1. 实体类代码示例

在“Entity”类库项目中，编写UserInfo.cs类文件的内容，代码如下：

```
public class UserInfo
{
    public string userID { set; get; }
    public string userName{ set; get; }
    public string userPwd{ set; get; }
    public string userPurview{ set; get; }
}
```

其他表对应的实体类的定义与用户表实体类相似，这里就不再一一列举出来了。

2. 数据访问层代码示例

在数据访问层DAL中添加一个名称为SqlHelper.cs的类文件，在这个文件中定义访问数据库的核心代码，代码如下：

```
//数据库连接字符串
Public static readonly string conStr = ConfigurationManager.ConnectionStrings
["myConString"].ConnectionString;
//执行不返回查询结果的SQL语句
public static int ExecuteNonQuery(string commandText, CommandType commandType,
params SqlParameter[] values)
{
    int result = 0;
    using (SqlConnection con = new SqlConnection(conStr))
    {
        using (SqlCommand cmd = new SqlCommand(commandText, con))
        {
            try
            {
                con.Open();
                cmd.CommandType = commandType;
                cmd.Parameters.AddRange(values);
                result = cmd.ExecuteNonQuery();
            }
            catch (Exception ex)
```

```
                    {
                        string msg = ex.Message;
                        throw (new Exception(ex.Message));
                    }
                }
            }
            return result;
        }
        //执行返回查询结果集中的第一行第一列的值
        public static int ExecuteScalar(string commandText, CommandType commandType, params
SqlParameter[] values)
        {
            int count = 0;
            using (SqlConnection con = new SqlConnection(conStr))
            {
                using (SqlCommand cmd = new SqlCommand(commandText, con))
                {
                    try
                    {
                        con.Open();
                        cmd.CommandType = commandType;
                        cmd.Parameters.AddRange(values);
                        count = Convert.ToInt32(cmd.ExecuteScalar());
                    }
                    catch (Exception ex)
                    {
                        string msg = ex.Message;
                        throw (new Exception(ex.Message));
                    }
                }
            }
            return count;
        }
        //执行查询操作，返回 DataSet 结果集
        public static DataSet ExecuteDataSet(string commandText,string tableName, params SqlParameter[]
values)
        {
            DataSet ds = null;
            using (SqlConnection con = new SqlConnection(conStr))
```

```
        {
            try
            {
                SqlDataAdapter sda = new SqlDataAdapter(commandText, con);
                sda.SelectCommand.Parameters.AddRange(values);
                ds = new DataSet();
                sda.Fill(ds, tableName);
            }
            catch (Exception ex)
            {
                string msg = ex.Message;
                throw (new Exception(ex.Message));
            }
        }
        return ds;
    }

    //执行查询操作，返回 DataReader 结果集
    public static SqlDataReader ExecuteDataReader(string commandText, CommandType commandType, 
params SqlParameter[] param)
    {
        try
        {
            SqlConnection con = new SqlConnection(conStr);
            using (SqlCommand cmd = new SqlCommand(commandText, con))
            {
                cmd.CommandType = commandType;
                try
                {
                    cmd.Parameters.AddRange(param);
                    con.Open();
                    SqlDataReader sdr=cmd.ExecuteReader(CommandBehavior.Close Connection);
                    return sdr;
                }
                catch (Exception ex)
                {
                    string msg = ex.Message;
                    return null;
                }
```

```
                }
            }
            catch (Exception ex)
            {
                string msg = ex.Message;
                return null;
            }
        }
    }
```

3. 业务逻辑层代码示例

首先在 BLL 项目占添加对实体项目 Entity 的引用，然后新建一个类文件"UserInfoBLL.cs"，在这个文件中编写和数据表"用户表"所有有关的数据库操作代码，下面在这个类里面定义有关这个表的增、删、改、查的操作，代码如下：

```
public class UserInfoBLL
{
    const string INSERT = "insert into 用户表 values (@userID, @userName, @userPwd,
                        @userPurview)";
    const string DELETE = "delete 用户表 where 用户账号=@userID";
    const string UPDATE = "update 用户表 set 用户姓名=@userName, 密码=@userPwd,
                        权限=@userPurview  where 用户账号=@userID";
    const string CHANGEPWD="update 用户表 set 密码=@userPwd  where 用户账号
                        =@userID";
    const string SELECT = "select * from 用户表";
    //说明：以上这些常量也可以定义成存储过程来实现。
    //添加
    public static int Insert(UserInfo User)
    {
        int count = 0;
        SqlParameter paramId = new SqlParameter("@userID ", User.userID);
        SqlParameter paramName = new SqlParameter("@userName", User.userName);
        SqlParameter paramPwd = new SqlParameter("@userPwd", User.userPwd);
        SqlParameter paramPurview = new SqlParameter("@userPurview", User. userPurview);
        count= SqlHelper.ExecuteNonQuery(INSERT, CommandType.Text, paramId, paramName,
                                paramPwd, paramPurview);
        return count;
    }
    //删除
    public static int Delete(string Id)
```

```
    {
        int count = 0;
        SqlParameter paramID = new SqlParameter("@userID",Id);
        count = SqlHelper.ExecuteNonQuery(DELETE, CommandType.Text, paramID);
        return count;
    }
   //修改
   public static int Update(UserInfo User)
    {
       int count = 0;
       SqlParameter paramId = new SqlParameter("@userID ", User.userID);
       SqlParameter paramName = new SqlParameter("@userName", User.userName);
       SqlParameter paramPwd = new SqlParameter("@userPwd", User.userPwd);
       SqlParameter paramPurview = new SqlParameter("@userPurview", User. userPurview);
       count=SqlHelper.ExecuteNonQuery(UPDATE, CommandType.Text, paramId, paramName,
                          paramPwd, paramPurview);
       return count;
    }
  //查询
  public static DataSet Select()
   {
       DataSet Ds = null;
       Ds = SqlHelper. ExecuteDataSet(SELECT, "myUser");
       return Ds;
   }
  //登录
  public static bool IsLogined(string id, string pwd,ref string msg)
   {
     string sql="select * from 用户表 where 用户账号='"+ id +"'";
     SqlDataReader sdr = SqlHelper.ExecuteDataReader(sql, CommandType.Text);
     if (sdr.Read())
        {
           if (pwd == sdr["密码"].ToString())
           {
               msg="";
               return true;
           }
           else
           {
```

```
                msg = "密码错误！";
                return false;
            }
        }
        else
        {
            msg = "用户名输入有误或不存在！";
            return false;
        }
    }
}
```

4．表示层代码示例

表示层使用三层结构的代码稍微复杂一点，首先在“hotelBook”项目中添加对实体项目 Entity、业务逻辑层项目 BLL 的引用。然后根据系统的需求，添加相应在 Windows 窗体。下面以项目中的几个界面为例，讲解表示层的相关实现过程。

(1) 登录界面。登录界面(frmLogin.cs)是对用户的身份进行识别，通过输入合法的用户名和密码，就可以进入到系统的主界面，其设计效果如图 10-8 所示。

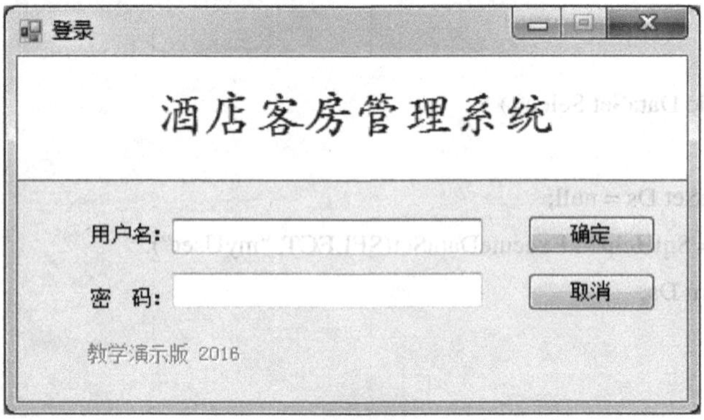

图 10-8 系统登录界面

frmLogin.cs 文件的“确定”按钮的代码如下：

```
private void btnOK_Click(object sender, EventArgs e)
{
    string msg = "";
    string userId = txtUserId.Text.Trim();
    string userPwd = txtUserPwd.Text.Trim();
    bool b = BLL.UserInfoBLL.IsLogined(userId, userPwd, ref msg);
    if (!b)
    {
        MessageBox.Show
            ("提示："+msg,"提示",MessageBoxButtons.OK, MessageBoxIcon.Information);
```

```
        }
        else
        {
            frmMain frm = new frmMain();
            frm.Show();
            this.Hide();
        }
    }
```

(2) 系统主界面。系统主界面(frmMain.cs)是整个系统的导航界面，通过点击相应的菜单项，打开或执行系统的相关操作，其设计效果如图 10-9 所示。

图 10-9　系统主界面

系统的主界面控件主要包括有标题栏、菜单栏、工具栏、状态栏等。用户通过点击菜单项执行系统功能代码，如“系统设置”->“客房管理”->“客房类型”菜单项的单击事件代码如下：

```
private void menuBtnRoomType_Click(object sender, EventArgs e)
    {
        frmRoomType roomType = new frmRoomType();
        roomType.ShowDialog();
    }
```

(3) 客房类型管理相关界面。与客房类型管理的相关界面主要有两个，一个是显示用于显示客房类型列表窗体(frmRoomType.cs)，另一个是用于编辑客房类型的窗体(frmRoomTypeInfo.cs)，其设计效果分别如图 10-10(a)和(b)所示。

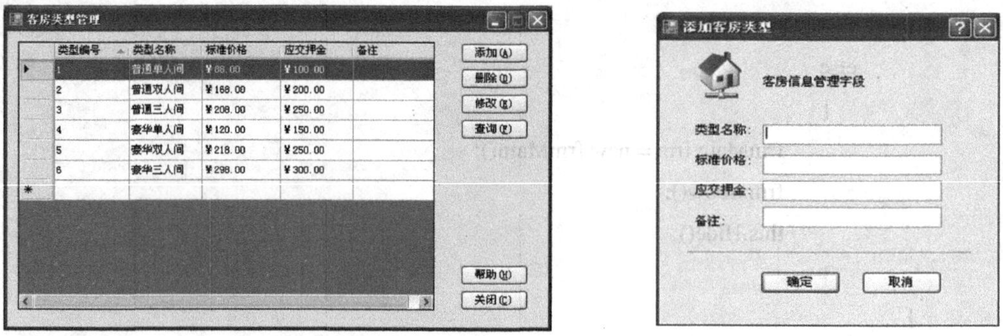

(a)　(b)

图 10-10　客房类型管理相关界面

frmRoomType.cs 文件的加载显示客房类型列表的代码如下

```
private void frmRoomType_Load(object sender, EventArgs e)
{
        DataSet ds = BLL.RoomTypeInfoBLL.Select();
        dataGridView1.DataSource = ds.Tables[0].DefaultView;
}
```

frmRoomTypeInfo.cs 文件的“确定”按钮的代码如下

```
private void btnOK_Click(object sender, EventArgs e)
{
    RoomTypeInfo roomType = new RoomTypeInfo();
    roomType.roomTypeName = txtName.Text.Trim();
    roomType.roomTypePrice = decimal.Parse(txtPrice.Text.Trim());
    roomType.roomTypeDeposit = decimal.Parse(txtDeposit.Text.Trim());
    roomType.roomTypeMemo = txtMemo.Text.Trim();
    int result = BLL.RoomTypeInfoBLL.Insert(roomType);
    if (result > 0)
      {
        MessageBox.Show(“提示：添加成功！”, “提示”, MessageBoxButtons.OK, MessageBox
        Icon.Information);
      }
}
```

任务四　系统运行与测试

一、系统的运行

用户通过软件输入必要的信息，然后保存到数据库，所输入的信息是经过需求分析限定的内容，同时也是数据库中每个字段中存储的内容。酒店客房系统软件会将所有需要浏览的数据显示在屏幕上，以便使用户能够浏览到数据库中的数据或用户想要浏览范围中的数据，并可以根据需求，打印相应的统计报表。酒店客房管理系统的流程图如图 10-11 所示。

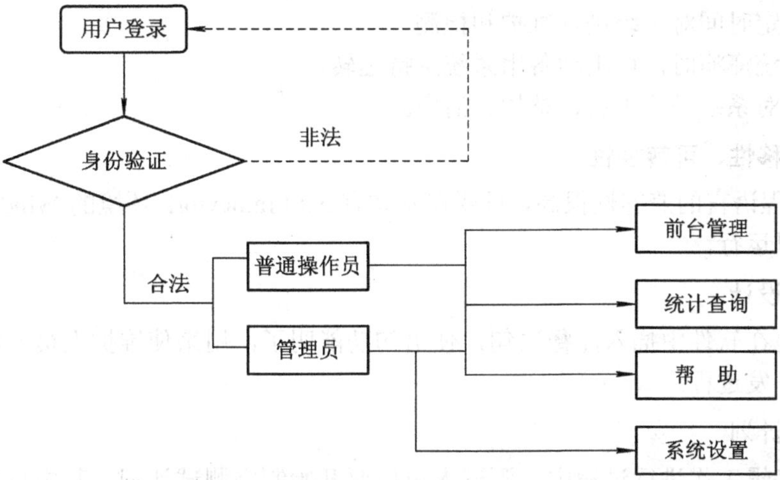

图 10-11　酒店客房管理系统流程图

1．出错信息

在设计酒店客房管理软件时，应尽可能地考虑到所有的出错情况，并做出相应的恢复信息。无法预料的错误信息，应返回给用户一个特定的信息提示。

2．补救措施

对于出错概率较大的地方，应结合用户需求做一些必要的限制，减少出错的可能。

3．限制条件

限制必要的条件，以排除由于用户的误操作而造成的不必要错误。

4．保密设计

(1) 每个用户需要注册才能进入酒店客房管理系统。客户在办理预订或入住手续时，必须使用真实的信息进行登记。

(2) 系统要另外再备份一份数据库，防止系统出现错误而使数据信息丢失。

(3) 系统要安装防火墙，防止黑客入侵破坏系统，还需要安装杀毒软件，防止病毒入侵而导致系统瘫痪。

二、系统的测试、维护

1．可维护性

(1) 应用程序的维护。当用户使用酒店客房管理软件并遇到了软件本身的逻辑错误时，应当由软件的维护人员对软件进行修改。

(2) 数据库的维护。应当有特定的数据库维护人员对数据库进行及时的备份、管理等操作，以保证数据库的安全性。

2. 维护设计

系统设置应提供给管理员一个操作页面，包括以下几个方面：

(1) 提供管理员密码，方便维护操作。

(2) 按固定时间对系统进行维护和检测。

(3) 若系统瘫痪时，可出动备用系统维持运转。

(4) 定期对系统进行更新、整顿、清空。

3. 可转移性、可转换性

.NET 编程语言的兼容性很高，只要在安装有.net Framework 环境的 Windows 系列操作系统上都可以运行。

4. 注释设计

尽可能地在软件中插入注释语句，使语句功能明了，用来使维护人员、测试人员和开发人员了解开发过程。

5. 测试计划

在软件编辑工作进行过程中，测试人员便要开始制定测试计划，其中包括白盒和黑盒的具体测试项目，以及必要的测试数据和处理出错信息。每次测试的结果要写报告，并就发现和怀疑的问题与编辑人员联系。测试的结果要让编辑人员明白。